CAUSERIES

SUR LE

# TRANSFORMISME

## VI

**Résumé général, Critiques et Applications de la doctrine transformiste.**

> Seul, le transformisme nous fournit une conception rationnelle et vraiment scientifique du monde.
>
> (Arthur Vianna de Lima).

*Conférence faite à la Société d'Etude des Sciences naturelles d'Elbeuf (séance du 3 novembre 1886)*

PAR

**Henri GADEAU DE KERVILLE**

Membre de cette Société.

# CAUSERIES

SUR LE

# TRANSFORMISME

## VI

**Résumé général, Critiques et Applications de la doctrine transformiste.**

Seul, le transformisme nous fournit une conception rationnelle et vraiment scientifique du monde.

(ARTHUR VIANNA DE LIMA).

*Conférence faite à la Société d'Etude des Sciences naturelles d'Elbeuf (séance du 3 novembre 1886)*

PAR

**Henri GADEAU DE KERVILLE**

Membre de cette Société.

ELBEUF

IMPRIMERIE Constant ALLAIN
3, rue Saint-Jacques, 3

1886

# CAUSERIES
## SUR
# LE TRANSFORMISME

## VI

## Résumé général, Critiques et Applications de la doctrine transformiste

---

*Conférence faite à la Société d'Etude des Sciences naturelles d'Elbeuf (séance du 3 novembre 1886)*

PAR

HENRI GADEAU DE KERVILLE
Membre de cette Société.

---

MESSIEURS,

Depuis des siècles, mais surtout depuis l'apparition des mémorables ouvrages de Charles Darwin, le problème de l'origine des animaux et des plantes captive l'attention des savants. Si les naturalistes contemporains s'occupent sans cesse de fouiller le sol, de multiplier les observations et d'inventer des expériences, pour confirmer la doctrine transformiste et l'établir sur des bases inébranlables, le public éclairé s'intéresse également, au plus haut point, à ces graves questions, moins encore peut-être par l'attrait même du transformisme, qu'en raison de la portée de ses conséquences et de ses applications. En effet, pour les hommes qui ne craignent pas de poursuivre le raisonnement et la logique jusqu'à leurs dernières limites, et qui recherchent sincèrement la vérité, sans se préoccuper de ses conséquences, le transformisme fait partie intégrante de cette gigantesque conception de la formation et du développement des mondes sous la seule action des forces physico-chimiques, éternellement agissantes.

Dans cette conception essentiellement rationnelle de l'origine de l'univers, quatre parties fondamentales s'enchaînent logiquement : 1°, la dérivation de toutes les espèces animales et végétales, éteintes et actuelles, d'une forme primordiale de la plus grande simplicité, dérivation prouvée aujourd'hui par le transformisme ; 2°, la formation par genèse spontanée de la matière vivante, du protoplasma originel, uniquement aux dépens de la matière minérale, lorsque la terre, par son refroidissement, a permis à la vie de se manifester ; 3°, la dérivation des substances minérales qui, jusqu'alors, n'ont pu être décomposées, d'une substance fondamentale unique, la *matière*, liée au *mouvement* d'une façon indissoluble ; 4°, enfin, l'immortalité de la *matière en mouvement*, unité incréée, qui n'a jamais eu de commencement pas plus qu'elle n'aura de fin, indestructible, infinie dans le temps comme le temps lui-même, et comme l'espace, sans limites.

Certes, il y a dans cette conception grandiose des lacunes considérables, mais, sans doute, ces lacunes se combleront peu à peu, autant que la compréhension humaine, forcément limitée, nous permettra de le faire ; néanmoins, on peut affirmer que l'ensemble des découvertes modernes, dans le domaine des sciences mécaniques, physiques et chimiques, conduisent à prouver que la matière en mouvement est éternelle, increéée, indestructible, et transformable à l'infini.

Dans mes Causeries précédentes, j'ai traité tous les points principaux de la doctrine transformiste ; il ne me reste plus aujourd'hui qu'à vous en faire un résumé général, et à vous parler des critiques dont elle a été l'objet et de ses multiples applications.

## RÉSUMÉ GÉNÉRAL DE LA DOCTRINE TRANSFORMISTE.

Les explications que j'ai données jusqu'alors sur le mécanisme de l'évolution des êtres vivants me permettent de n'y plus revenir, et de résumer, en quelques lignes, la doctrine transformiste.

Cette doctrine, je ne saurais trop le répéter, ne peut, en aucune façon, être considérée comme une simple hypothèse, ingénieuse mais non prouvée, car une hypothèse scientifique est une supposition basée sur des phénomènes qui n'ont pas encore été contrôlés par les sens. Or, le transformisme ne s'appuie sur aucun fait ignoré ; ses bases sont des propriétés générales bien connues des organismes, des phénomènes naturels que nous observons sans cesse autour de nous.

L'agent le plus puissant de la transformation des espèces est la *lutte pour la vie* ou *combat pour l'existence* d'où résulte la *sélection naturelle*. La lutte pour la vie repose sur deux propriétés fondamentales des organismes : l'*hérédité*, qui détermine la fixité des espèces, et l'*adaptation* ou *variation*, qui donne à l'animal et à la plante, sous les influences si diverses du milieu ambiant, quelques particularités nouvelles, constituant ce que nous appelons des *variétés*. Nier l'existence de l'hérédité, en vertu de laquelle les espèces animales et végétales produisent des êtres identiques à elles-mêmes ; nier l'existence de la variabilité chez les animaux et les plantes, variabilité déterminée par le milieu ambiant, c'est nier l'évidence elle-même. Les bases fondamentales de la lutte pour la vie, et, par suite de la sélection naturelle, qui en est le résultat immédiat, sont donc inattaquables.

L'espèce varie, c'est là un fait que l'on ne peut contester ; mais, parmi les multiples variations produites par le milieu ambiant, les unes sont avantageuses, les autres désavantageuses à l'individu et à l'espèce pour soutenir la bataille de la vie. Dans cette lutte, les individus les mieux doués résistent, les autres sont anéantis, et comme elle s'exerce d'une façon continue, elle produit, après des espaces de temps énormes, des changements considérables dans le monde animal et le monde végétal. Le résultat immédiat de cet incessant combat pour l'existence est la sélection naturelle, cause fondamentale de l'évolution du monde organique. C'est elle qui occasionne l'anéantissement de toutes les espèces insuffisamment douées pour résister dans la bataille de la vie, qui donne la victoire aux plus forts et aux plus perfectionnés, qui détermine l'adaptation de plus en plus parfaite des animaux et des végétaux au milieu où ils vivent, et qui produit, d'une manière générale, le perfectionnement progressif du monde organisé.

A côté de la sélection naturelle, il faut placer deux autres sélections agissant, l'une sous l'action inconsciente de la nature, l'autre sous l'action de l'homme.

La première est la *sélection sexuelle*, qui a fait développer considérablement les variations individuelles,avantageuses pour les mâles dans leurs luttes sanglantes ou pacifiques pour l'obtention des femelles, et qui a produit ainsi ces caractères sexuels secondaires, si nombreux et si variés, que nous observons dans le règne animal.

La seconde est la *sélection artificielle*, déterminée uniquement par l'homme, et à laquelle on doit ces races et ces variétés, aussi utiles que nombreuses, chez les animaux domestiques et les plantes cultivées.

Les trois modes précédents de sélection ne sont pas les seules causes de l'évolution des espèces ; il en est d'autres qui se combinent avec les premières et concourent, d'une façon notable, à transformer les animaux et les plantes.

Parmi ces causes, il faut citer l'*action modificatrice du milieu ambiant*, action qui détermine dans les espèces des modifications parfois très-rapides ; les *migrations* et l'*isolement*, lesquels, en occasionnant le changement de milieu des animaux et des végétaux, les soumettent à de nouvelles conditions d'existence et contribuent ainsi à les modifier ; enfin, deux causes secondaires qui ont aussi joué un rôle dans la production et l'évolution des espèces : le *métissage* et l'*hybridité*, et l'*utilisation* et la *non-utilisation des organes*.

A mon sens, les différentes causes que nous venons d'examiner n'ont pas déterminé à elles-seules l'évolution complète des êtres vivants, depuis la masse protoplasmique originelle jusqu'à l'espèce humaine. Il doit exister d'autres causes naturelles, ignorées jusqu'à ce jour, et que les persévérants efforts des savants de l'avenir feront connaître plus tard ; mais ce qui importe au plus haut point de faire remarquer, c'est que les causes actuellement connues, causes dont nous constatons sans cesse les effets, suffisent amplement pour donner une explication essentiellement scientifique et rationnelle de l'évolution des êtres vivants. Lors même qu'il ne ferait plus aucun progrès,—supposition en désaccord manifeste avec la marche actuelle de la science, — le transformisme n'en devrait pas moins être accepté comme une impérieuse et inévitable nécessité. Refuser d'admettre le transformisme, c'est repousser toute explication scientifique des phénomènes de la nature, pour la remplacer par des mystères accumulés.

Nous pouvons donc affirmer hautement, comme étant une vérité fondamentale : que tous les animaux et tous les végétaux, fossiles et vivants, depuis la Monère primitive jusqu'à l'Homme, proviennent, par la seule action des forces naturelles, d'une forme primordiale de la plus grande simplicité.

Au moyen d'explications essentiellement rationnelles, et avec des bases inébranlables, puisqu'elles reposent sur des phénomènes naturels parfaitement connus, le transformisme a résolu le problème de l'origine des espèces, tant de fois déclaré insoluble dans les conditions où nous sommes placés. Et il a résolu ce problème à l'aide de la méthode que les physiciens et les chimistes ont constamment employée, méthode par laquelle on cherche à pénétrer le plus possible les causes des phénomènes, au lieu de se contenter de vagues énoncés, et qui leur a permis de ramener tous les phénomènes physiques et chimiques à l'unité, c'est-à-dire aux deux conceptions primitives de la matière et du mouvement.

Le transformisme permet d'embrasser, dans une conception simple, l'ensemble des phénomènes naturels, qui, sans lui, ne présentent aucun lien, aucun enchaînement ; sa place est à côté de la doctrine de l'unité de la force, de l'unité de la matière, de toutes ces grandes doctrines qui font l'orgueil du dix-neuvième siècle, et qui ont supprimé partout le miracle et la création pour les remplacer par l'action continue des forces naturelles, éternellement agissantes.

Le transformisme a une importance philosophique des plus hautes. Il nous montre, en effet, que loin d'être isolé dans la nature, l'Homme est, au contraire, étroitement rattaché aux autres animaux, dont il se distingue seulement par son perfectionnement psychique considérable. L'Homme est le dernier terme d'une immense évolution des êtres vivants, et non pas le centre autour duquel se groupent le règne animal et le règne végétal tout entiers, créés par Dieu, suivant le Christianisme, pour l'utilité et le plaisir de l'Homme. De plus, par ses multiples applications aux sciences de l'esprit humain, le transformisme a rendu d'inappréciables services, et a doté ces sciences d'une précision inconnue avant lui.

Sans le transformisme, tout est inintelligible; aussi, a-t-il été accueilli avec une très-grande faveur par la majorité des savants, et pénètre-t-il de plus en plus, malgré de formidables oppositions, dans le public éclairé.

Néanmoins, nous entendons chaque jour des hommes étrangers aux études scientifiques, et même des naturalistes de profession, soutenir que le transformisme ne pourra jamais prouver sa théorie.

Quelles preuves faut-il donc donner à ces profonds sceptiques, qui admettent cependant comme un dogme la théorie des créations surnaturelles, où l'on rencontre à chaque pas le miracle et la création de toutes pièces par l'intervention divine, théorie qui, pourtant, est la seule que l'on puisse opposer au transformisme. Il ne suffit pas d'expliquer à ces incrédules, pleins de foi quand il s'agit du miracle et du mystère, que les bases fondamentales de la doctrine transformiste sont inattaquables, puisqu'elles consistent en des phénomènes naturels parfaitement connus ; il ne suffit pas de leur dire qu'il faut des temps énormes, des millions d'années, ou des changements importants dans le milieu ambiant, pour déterminer la transformation des espèces ; il ne suffit pas de leur citer des exemples frappants de la variabilité des espèces, tels que : la provenance d'une souche unique, du Biset sauvage, de toutes les races, si différentes les unes des autres, de nos Pigeons domestiques ; la formation, en moins de dix-huit siècles, de races très-nettement distinctes de Canards domestiques, descendant toutes du Canard sauvage commun ; l'obtention, en moins d'un siècle, des multiples variétés de Dahlias, si dissemblables de leur type originel ; la production, en moins de cinq siècles, du Lapin de Porto-Santo, espèce complètement différente du Lapin domestique européen dont elle provient, et incapable de se reproduire avec lui ; etc., etc. Non ; tous ces exemples, toutes les preuves que l'on a données du transformisme, preuves tirées de l'embryologie, de l'anatomie comparée, de la morphologie, de la paléontologie, du mimétisme, du dimorphisme, du polymorphisme, des organes rudimentaires, de l'atavisme, de la distribution géographique et topographique des animaux et des plantes, etc., toutes ces preuves si concluantes ne suffisent pas à nos adversaires, qui ne voudront pas adopter cette doctrine avant d'avoir vu les espèces se transformer sous leurs yeux, dans le cours de leur rapide existence.

Et cependant, les anti-transformistes, qui ne peuvent concevoir une lente évolution des êtres vivants, nécessitant des temps énormes pour s'accomplir, qui ne veulent pas admettre qu'une espèce puisse se modifier et donner naissance à des espèces nouvelles, ressemblant plus ou moins à leur forme ancestrale, qui prétendent que les animaux et les végétaux, en des milliers et des milliers de siècles, n'ont pu devenir ce qu'ils sont aujourd'hui, les anti-transformistes, dis-je, trouvent parfaitement naturel qu'une spore microscopique puisse produire en quelques heures un Champignon ; qu'une graine donne naissance, en plusieurs semaines, à une plante d'une organisation complexe ; qu'un œuf produise un Poussin en trois semaines ; qu'une cellule d'environ 1/10 de millimètre de diamètre, uniquement composée de protoplasma, avec une membrane enveloppante, un noyau et un nucléole, donne naissance à un être humain, dont tous les organes sont si merveilleusement compliqués, et cela en l'espace de neuf mois. Rien n'est plus naturel, à leurs yeux, qu'un œuf produise un Têtard, sans pattes, qui deviendra plus tard une Grenouille;

qu'un œuf se transforme successivement en Chenille, en Chrysalide et en Papillon ; etc., etc.

Je vous laisse, Messieurs, le soin de décider vous-mêmes quels sont les plus logiques de nos adversaires ou de nous, et je passe maintenant à l'étude des principales critiques que l'on a faites du transformisme.

## CRITIQUES DE LA DOCTRINE TRANSFORMISTE.

Comme toutes les grandes idées qui ont donné à l'esprit humain un nouvel et puissant essor, en renversant les théories surannées pour y substituer des doctrines en harmonie avec les incessants progrès des sciences positives, le transformisme, dès son apparition, a été attaqué de toutes parts, quelquefois même avec une violence excessive, par les théologiens, par des philosophes, par des savants, mais, le plus souvent, par des personnes complètement étrangères à l'étude des sciences naturelles.

Ces attaques réitérées, ces critiques multiples, appartiennent à deux domaines diamétralement opposés : au domaine de la foi et à celui de la science.

Je n'ai pas à m'occuper ici de toutes les critiques du transformisme, que l'on a faites au nom de la foi, car, dans ces critiques, les données de la science sont toujours absentes. On comprend aisément, d'ailleurs, qu'une théorie qui réduit à néant les récits bizarres de la création du monde animal et du monde végétal, donnés dans les textes sacrés, qui remplace partout la création divine par le simple jeu de forces naturelles, agissant éternellement, qui soutient que l'Homme a une origine animale, et, par conséquent, n'est nullement une créature de Dieu, faite par lui à son image, enfin, qui modifie entièrement les bases de la linguistique, de la morale, de la psychologie, de l'esthétique, et de tant d'autres sciences, on comprend, dis-je, qu'une telle doctrine devait infailliblement être dénoncée et anathématisée du haut des chaires des églises, dans des conférences spéciales, et surtout dans les journaux et dans les livres. Toutefois, je tiens à le répéter, ces innombrables critiques ne renferment pas de réfutations scientifiques, c'est-à-dire sérieuses. On attaque, on injurie la doctrine transformiste, on la trouve dangereuse, avilissante, impie, mais on n'examine pas les preuves scientifiques qui lui servent de base, pour les réfuter scientifiquement.

La foi ne peut et ne pourra jamais tolérer qu'une doctrine scientifique ait la prétention d'expliquer, à l'aide de démonstrations simples et rationnelles, ce qui a été toujours et volontairement maintenu dans le domaine du surnaturel et du mystérieux. Aussi, les résultats objectifs de la science, acquis péniblement à l'aide de nos sens et des efforts continus de la raison humaine, seront-ils toujours forcément en opposition absolue avec les idées subjectives de la foi, qui recommande d'admettre et de croire sans discussion. Ces quelques explications m'autorisent pleinement, je crois, à laisser de côté les critiques dirigées par les religions contre le transformisme.

Tout autres sont les critiques faites au nom de la science, critiques qu'il nous sera d'autant plus facile d'examiner et de juger à présent, que nous avons passé en revue, dans mes Causeries précédentes, tous les points principaux de la doctrine évolutionniste.

Ces objections, ces critiques, sont fort nombreuses et très-différentes les unes des autres ; aussi, pour ne pas trop allonger ce chapitre, j'examinerai seulement ici les objections principales, que l'on peut formuler de la manière suivante :

1° Le manque fréquent des types intermédiaires reliant entre elles : d'une part, les espèces actuelles ; de l'autre, les espèces éteintes et les espèces actuelles ; types dont l'existence découle forcément de la doctrine darwinienne ;

2° La présence d'organismes des plus rudimentaires à l'époque contemporaine, à côté de types qui ont atteint un très-haut degré de perfection ;

3° L'adaptation si merveilleuse des organes à leur fonction, adaptation qui, d'après la doctrine transformiste, serait due simplement à l'action inconsciente de la sélection naturelle ;

4° La ressemblance parfaite entre certaines espèces animales et végétales vivant il y a plusieurs milliers d'années, et qui existent encore à notre époque ;

5° La non-réapparition d'espèces animales ou végétales identiques, à des époques éloignées ;

6° La stérilité presque absolue des croisements d'espèces différentes ou des hybrides provenant de ces croisements ;

7° Enfin, l'inégalité si considérable de la puissance mentale, chez les animaux supérieurs.

I°. Dans la première objection, il y a deux points différents qu'il faut examiner séparément : 1° l'absence fréquente de types de transition entre les espèces actuelles ; 2° l'absence plus fréquente encore de types de transition entre les espèces fossiles et les espèces vivant de nos jours.

Il faut remarquer, en premier lieu, comme je l'ai dit dans ma première Causerie, que si l'on ne trouve pas aujourd'hui la série complète des formes intermédiaires entre les espèces actuellement vivantes, c'est par le fait même de la sélection naturelle. En effet, cette sélection agit seulement lorsque des variations avantageuses se manifestent. Mais, parmi ces variations avantageuses, si diverses les unes des autres, comme ce sont toujours les plus développées qui servent le mieux à soutenir le combat pour l'existence, il en résulte que les nombreux types intermédiaires, moins bien doués à cet égard, s'éteignent rapidement. Cette disparition est, en outre, considérablement facilitée par le combat pour l'existence, qui est d'autant plus acharné que les formes animales ou végétales sont plus voisines l'une de l'autre, car elles se rencontrent sans cesse, dans les batailles incessantes de la vie, sur le même champ commun.

De plus, il importe au plus haut point de faire observer que deux ou plusieurs formes, très-distinctes aujourd'hui, proviennent souvent en droite ligne d'un ancêtre commun. Par conséquent, il ne peut y avoir de types intermédiaires entre ces formes actuelles, mais seulement entre chacune de ces formes et leur souche unique. Ainsi, pour en donner un exemple bien connu, le Pigeon grosse-gorge, le Pigeon bagadais et le Pigeon Paon proviennent d'une souche commune, qui est le Biset sauvage (*Columba livia*, Briss.), comme je l'ai démontré dans ma quatrième Causerie. Nécessairement, il y a eu de nombreuses formes intermédiaires, éteintes aujourd'hui, entre chacun de ces trois types actuels et le Biset sauvage, mais il ne peut y avoir, en raison même de la formation de ces types par divergence d'une souche commune, des formes intermédiaires reliant entre eux ces trois types très-différents de nos Pigeons domestiques. Il en est de même des quatre races actuelles, nettement caractérisées, du Canard domestique : le Canard domestique ordinaire, le Canard à bec courbé, le Canard Chanterelle et le Canard Pingouin, races qui descendent d'une souche commune, le Canard sauvage ordinaire (*Anas boschas*, L.), mais qui ne présentent pas aujourd'hui toutes les formes de transition. De tels exemples sont très-nombreux ; aussi,est-il souvent déraisonnable de vouloir rechercher des formes de passage entre des espèces vivant à notre époque, lesquelles, pour les motifs précédents,ne peuvent en présenter.

Néanmoins, les types de transition entre les espèces actuelles sont beaucoup plus communs que les anti-transformistes ne veulent se l'imaginer. Nous connaissons, en effet, un grand nombre d'espèces d'animaux et de plantes reliées entre elles par une série complète de formes de passage. Aussi, est-il parfois impossible de décider si certains types doivent être rapportés à l'une ou à l'autre de deux espèces voisines, quoique bien distinctes, ou de trouver des caractères fixes pour différencier deux types, offrant entre eux une très-grande dissemblance, mais qui sont reliés par une série continue de formes intermédiaires. Ces espèces polymorphes, très-fréquentes dans certains genres, appartiennent aux groupes en voie de progrès, de perfectionnement, et leur tendance très-grande à varier détermine la formation de variétés nouvelles qui deviennent peu à peu, après des temps toujours très-longs, des espèces plus ou moins caractérisées. Cette variabilité extrême de certaines espèces animales et végétales donne naissance à des discussions incessantes entre les naturalistes classificateurs, dont certains prétendent voir cent espèces différentes dans un genre d'animaux ou de plantes, tandis que d'autres en reconnaissent une cinquantaine, une vingtaine, et parfois seulement trois, deux, ou même une seule présentant de très-nombreuses variétés. Les espèces polymorphes font le désespoir des naturalistes qui s'occupent de systématique, et rendent, dans certains cas, la détermination spécifique tout à fait illusoire.

A côté des espèces réunies entre elles par d'innombrables types de transition, types que l'on observe chaque jour, et dont de précieux individus ont été ramenés des profondeurs des mers, pendant les récentes expéditions de draguages sous-marins, nous trouvons d'autres espèces qui, à l'époque actuelle, ne sont reliées par aucune forme intermédiaire vivante; tels sont les Apteryx, les Casoars, les Autruches, les Ornithorhynques, les Echidnés, les Cachalots, les Eléphants, les Chameaux, les Dromadaires, les Girafes, les Rhinocéros, etc., etc. Ces différentes espèces appartiennent à des groupes en voie d'extinction ; et comme elles n'ont présenté, depuis la disparition de leurs types intermédiaires, dont la science possède de nombreux débris fossiles, aucune variation appréciable ; comme elles sont restées sans se modifier d'une manière sensible, depuis des temps très-reculés, elles forment aujourd'hui des espèces nettement définies.

Remarquons, en terminant ce premier point, qu'à chaque instant de la vie organique, des formes nouvelles se développent insensiblement, d'autres se perpétuent sans se modifier, d'autres enfin s'éteignent peu à peu, sans qu'il y ait jamais pour cela une confusion générale, un chaos inextricable de types intermédiaires. Ce fait tient à des causes multiples, mais surtout à la continuelle disparition des formes de passage, et à l'extrême lenteur avec laquelle les variétés se développent et se convertissent ultérieurement en des espèces distinctes.

Nous devons expliquer, en second lieu, l'absence fréquente de types de transition entre les espèces fossiles et les espèces actuelles. Cette absence résulte de deux causes entièrement différentes : 1° des conditions toutes spéciales que nécessite la fossilisation, et, 2°, de l'imperfection de nos documents paléontologiques.

On ne peut, en effet, s'attendre à rencontrer dans les couches géologiques que les débris d'animaux et de végétaux présentant des parties dures ou résistantes, et, parfois, leurs moules ou leurs traces. Aussi, retrouve-t-on à peine quelques vestiges de ces innombrables organismes, tels que les Algues, les Champignons, les Méduses, les Vers inférieurs, les Mollusques nus, la plupart des Tuniciers, etc., et ne retrouvera-t-on jamais les êtres primordiaux, uniquement composés de protoplasma, qui vivaient à l'aurore de la vie organique, et qui, en raison même de leur structure, n'ont pu laisser aucune trace de leur présence dans les terrains primitifs.

J'ajouterai que ce dernier fait explique, d'une façon très-nette, pourquoi on observe déjà, dans les couches géologiques les plus anciennes, dans les terrains paléozoïques, de nombreux types animaux et végétaux d'une organisation compliquée.

De plus, pour que la fossilisation puisse s'opérer convenablement, pour que les vestiges fossiles des animaux et des plantes soient dans un état de conservation suffisamment bon, de manière à nous permettre d'en faire une étude sérieuse, il faut un concours de circonstances tout particulièrement heureux. En effet, l'action mécanique des eaux, qui charrient les débris fossiles en les détruisant plus ou moins complètement; l'action chimique, fort destructive, des substances terrestres et marines sur les substances qui composent les parties dures des organismes, jointes à toutes les autres causes d'anéantissement, font presque entièrement disparaître les restes des animaux et des végétaux après leur mort, et ne laissent dans les couches géologiques, à l'état de débris reconnaissables, qu'une infime partie des vestiges des animaux et des plantes qui ont vécu sur notre globe.

La seconde cause du manque de types de transition entre les espèces éteintes et les espèces actuelles tient à l'imperfection de nos documents paléontologiques. La science des fossiles, la paléontologie, n'est qu'à son aurore, et son champ d'investigation est forcément très-limité, puisque près des trois quarts des couches terrestres, enfouies sous les mers, n'ont pu être explorées jusqu'ici, et que, de plus, ce sont des circonstances particulières, le creusement de mines, le percement de tunnels, la création de routes, de voies ferrées, de canaux, etc., qui permettent aux paléontologistes de se livrer à leurs recherches; la surface terrestre accessible naturellement à l'investigation paléontologique, comme le sont les falaises, les grottes, etc., étant des plus restreintes.

Bien que la paléontologie soit de date récente, et

qu'elle n'ait exploré attentivement, jusqu'à ce jour, qu'une fraction infime des continents, nous possédons déjà, néanmoins, de nombreux types intermédiaires des plus convaincants ; et l'exhumation incessante de nouvelles espèces fossiles vient chaque jour, par la découverte de formes de passage jusqu'alors inconnues, combler les lacunes qui séparent encore le monde organique éteint du monde organique de notre époque.

Citons, à cet égard, quelques-uns de ces types transitoires :

Dans le département de l'Allier, à Commentry, on a exhumé toute une faune entomologique, appartenant à l'époque carbonifère, qui renferme de nombreux types aisément reconnaissables pour les ancêtres directs de plusieurs de nos Insectes actuels. Cette faune, admirablement étudiée par mon ami Charles Brongniart, du Muséum d'Histoire naturelle de Paris, a fourni à ce naturaliste distingué un certain nombre de formes possédant à la fois les caractères propres aux Névroptères et aux Orthoptères de notre époque, formes pour lesquelles il a créé l'ordre ancestral des Névrorthoptères.

Les Labyrinthodontes, des formations carbonifères, permiennes et triasiques, réunissaient, d'une manière remarquable, les caractères distinctifs des Poissons ganoïdes et des Batraciens urodèles.

Les Dinosauriens, groupe de Reptiles colossaux de la période secondaire, se rapprochaient des Oiseaux par plusieurs particularités.

Au Cap de Bonne-Espérance, on a découvert des Reptiles fossiles, les Thériodontes, qui, par leur système dentaire et la conformation de leurs pieds, offraient beaucoup d'analogies avec les Mammifères carnivores.

Le célèbre *Archaeopteryx lithographica*, des schistes de Solenhofen (Bavière), établit d'une façon si manifeste le passage des Reptiles aux Oiseaux, que l'on a pu hésiter pour savoir si cet étrange animal était un Reptile possédant des plumes ou un Oiseau à caractères reptiliens.

Dans la craie, en Amérique, on a trouvé toute une sous-classe d'Oiseaux, les Odontornithes, dont les mâchoires, prolongées en forme de bec, étaient pourvues de dents.

L'*Ancylotherium*, découvert dans le terrain miocène,par Albert Gaudry, au cours des nombreuses fouilles qu'il a faites à Pikermi, près d'Athènes, était allié à la fois aux Mastodontes éteints et au Pangolin actuel.

L'*Helladotherium*, provenant également de Pikermi, reliait la Girafe au Daim et à l'Antilope.

On connaît aujourd'hui de nombreux fossiles appartenant à des types qui relient entre eux le Mammouth, le Mastodonte et l'Éléphant.

Les Pachysimiens, groupe de Mammifères de l'époque éocène supérieure, étaient alliés à la famille des Suidés et offraient des analogies de forme avec les Singes.

Grâce aux découvertes et aux travaux de Brooke,

Boyd-Dawkins, Cope, Albert Gaudry, Wladimir Kowalewsky, Flower, Bell, Garrod, la généalogie du groupe des Cervins est assez bien établie, et l'on connaît toute la série évolutive du Cerf sans cornes jusqu'au Cerf actuel.

Ajoutons, en terminant, que la généalogie du Cheval est aujourd'hui complètement connue, car l'on a rencontré en Amérique, à l'état fossile, tous les intermédiaires servant à relier l'antique *Coryphodon* à cinq doigts, de l'époque éocène, au Cheval actuel, qui est uniongulé.

Je pourrais citer beaucoup d'autres exemples de ces formes fossiles transitoires entre les types éteints et les types vivant à notre époque, formes dont les découvertes quotidiennes de la paléontologie viennent sans cesse augmenter le nombre. Néanmoins, je crois que pour des esprits dégagés de tout parti pris, les remarques, forcément très-brèves, que je viens de faire, mais que j'ai tenu, en raison même de leur importance toute spéciale, à répéter plusieurs fois dans ces Causeries, réduisent à néant l'une des objections capitales que l'on a faites au transformisme, c'est-à-dire l'absence fréquente de formes de transition entre les animaux et les végétaux qui ont vécu aux différentes phases du développement organique de notre globe.

II° J'arrive maintenant à la seconde objection, dont j'ai parlé déjà dans ma première Causerie. Puisque, disent les adversaires de la doctrine transformiste, les animaux et les plantes, depuis l'aurore de la vie organique, sont dans un continuel état de perfectionnement, de progrès, comment se fait-il que l'on trouve encore, à l'époque actuelle, des organismes les plus inférieurs, à côté de types qui ont atteint un très-haut degré de perfection relative ? Cette critique tient surtout à ce que l'on ne comprend pas nettement l'acception transformiste des expressions de *perfectionnement* et de *progrès*. Ces mots ne veulent nullement dire que par le fait de la sélection naturelle, les animaux et les plantes se perfectionnent et progressent d'une façon continue, au point de vue absolu, mais bien qu'ils se perfectionnent, qu'ils progressent de plus en plus, au point de vue de leur résistance et de leur triomphe dans la lutte pour la vie ; les expressions de perfectionnement et de progrès peuvent donc être remplacées avantageusement par celle d'*adaptation progressivement perfectionnée*. En d'autres termes, les espèces animales et végétales ne sont et ne seront jamais parfaites, d'une manière absolue, mais sont et seront toujours, par le fait même de la sélection naturelle, parfaitement adaptées au milieu où elles vivent.

La lutte pour la vie, qui est une loi générale du monde organisé, est la cause essentielle de cette extrême inégalité de structure et de développement des animaux et des végétaux actuels, car, dans cette lutte, la victoire n'est pas toujours due à un perfectionnement organique, mais souvent, au contraire, à une imperfection de l'individu, comme la petitesse, l'uniformité des couleurs, l'atrophie des ailes, la

4

simplicité de ses organes, l'état de parasite, etc., qui lui permettent d'échapper plus facilement aux animaux qui le poursuivent, de se soustraire à l'action des vents, et, d'une façon générale, de résister plus aisément à toutes les causes de destruction, provenant de ses ennemis ou de l'action du milieu dans lequel il vit. Or, comme le perfectionnement réside dans la division du travail physiologique, c'est-à-dire dans l'emploi de plus en plus parfait d'un organe spécial à une fonction spéciale, et que, d'autre part, l'emploi d'un même organe à des fonctions différentes est parfois très-avantageux à l'individu, on comprend aisément que des modifications avantageuses pour l'animal et la plante sont souvent contraires au perfectionnement. Tel est le cas des parasites et de tous les animaux fixés sur un corps quelconque, lesquels, par suite de leur vie spéciale, essentiellement profitable à l'individu et, par cela même, à l'espèce, ont subi une atrophie plus ou moins complète de tous les organes devenus inutiles dans leur nouveau genre de vie, ou, en d'autres termes, se sont dégradés d'une manière plus ou moins complète. Les animaux inférieurs, parasites sur des animaux supérieurs, sont un exemple bien démonstratif de cette dégradation, puisque ces animaux inférieurs ne pouvaient évidemment pas exister avant leurs hôtes, à l'état de parasites.

Il faut remarquer, en outre, que la plupart des organismes inférieurs sont soustraits à l'action de toute lutte pour la vie, en raison de l'extrême simplicité de leur structure et de leurs conditions vitales, et, par suite, ne peuvent jamais progresser. On comprend, en effet, qu'un organisme tel qu'un Infusoire, une Eponge ou une Méduse, peut n'avoir aucun avantage à posséder une organisation plus complexe, puisqu'il devrait alors lutter contre les êtres qui l'ont dépassé en perfection, grâce à l'action inconsciente de la sélection naturelle, du milieu ambiant, et des autres causes de l'évolution des animaux et des plantes.

En résumé, nous pouvons dire que, d'une part, l'état stationnaire, avantageux pour les organismes inférieurs, et, de l'autre, la dégradation, également avantageuse, de beaucoup d'êtres vivants, expliquent, d'une façon très-satisfaisante, cette extrême inégalité dans la structure et le développement des animaux et des végétaux qui se sont succédé sur la terre.

III° Comment se fait-il, nous demandent beaucoup de philosophes et de naturalistes, que l'adaptation si merveilleuse des organes à leur fonction soit uniquement due à l'action inconsciente de la sélection naturelle ? « Cette objection, dit Haeckel (1), acquiert en apparence une grande valeur, quand il s'agit d'organes qui semblent évidemment adaptés à un but tout spécial et avec une telle perfection, que le mécanicien le plus expert ne saurait inventer un

(1). Ernest Haeckel. — *Histoire de la Création naturelle ou doctrine scientifique de l'Evolution*, traduit de l'allemand par le Dr Charles Letourneau et revu sur la septième édition allemande. Paris, C. Reinwald, 3e édit., 1884, p. 542.

instrument plus convenable pour la fonction à remplir. On peut citer, comme exemple de tels organes, les appareils sensitifs les plus parfaits, l'œil et l'oreille. Si nous ne connaissions que les yeux et l'appareil auditif des animaux supérieurs, l'objection serait grave, insurmontable peut-être. Comment expliquer alors que la seule sélection naturelle ait pu produire l'admirable perfection, la merveilleuse adaptation au but à atteindre, que nous voyons réalisées dans l'œil et l'oreille des animaux supérieurs? Fort heureusement, l'anatomie comparée et l'embryologie nous viennent ici en aide. Observons en effet, pas à pas, l'échelle de perfection ascendante de l'œil et de l'oreille dans le règne animal tout entier; nous y verrons une gradation tellement ménagée, qu'il nous sera facile de suivre sans hésitation l'évolution de ces organes si compliqués, à travers tous les stades de leur perfectionnement. Chez les animaux inférieurs, par exemple, l'œil n'est qu'une simple tache pigmentaire, tout à fait impropre à donner une image quelconque des objets; tout au plus l'animal peut-il distinguer les divers rayons lumineux. Il n'existe encore ni appareils compliqués pour l'accommodation et le mouvement de l'œil, ni milieux divers et diversement réfringents, ni rétine très-différenciée, etc., rien, en un mot, qui rappelle l'organe si perfectionné de la vision chez les animaux supérieurs. Mais, grâce à l'anatomie comparée, nous pouvons passer, sans interruption, par tous les degrés possibles de transition entre l'organe visuel si rudimentaire des animaux inférieurs, et le même organe porté à son plus haut degré de complexité ; en un mot, nous voyons bien nettement la complication s'effectuer graduellement sous nos yeux. Le lent perfectionnement de l'organe, que nous pouvons suivre directement dans l'évolution individuelle, a donc dû s'effectuer aussi dans l'évolution historique ou phylétique.

« Ces organes semblent avoir été inventés et exécutés par un Créateur ingénieux, en vue d'une fonction donnée, et pourtant ils sont l'œuvre mécanique et aveugle de la sélection naturelle ; mais en les examinant, beaucoup d'esprits ont autant de peine à s'en faire une idée raisonnable qu'en ont les sauvages à comprendre les ouvrages compliqués de notre mécanique moderne. Quand, pour la première fois, un sauvage voit un vaisseau de ligne ou une locomotive, il les croit l'œuvre d'un être surnaturel, et ne peut admettre que l'homme, qu'un être organisé comme lui, construise de semblables machines. Dans notre race même, beaucoup d'hommes dépourvus d'instruction ne sauraient se faire une idée juste de ces appareils compliqués, ni en comprendre la nature purement mécanique. Mais, selon une remarque fort juste de Charles Darwin, la plupart des naturalistes ne se comportent pas plus intelligemment au sujet des formes organisées que le sauvage mis en face d'un vaisseau de ligne ou d'une locomotive. Pour se rendre bien compte de l'origine purement mécanique des formes organisées, il est besoin d'avoir reçu une solide éducation biologique, et d'être familier avec l'anatomie comparée et l'embryologie ».

D'ailleurs, cette prétendue conformité au but, cette adaptation de l'organe à la fonction est loin d'être aussi parfaite que veulent bien se l'imaginer les partisans de la doctrine des causes finales. Prenons, à cet égard, l'exemple toujours mis en avant par les finalistes : l'œil de l'Homme. Utilitaristes et théologiens ne cessent de vanter cette merveille de la création ; c'est le plus pur chef-d'œuvre qui soit sorti des mains du Créateur.

« Laissons maintenant, dit Vianna de Lima, dans un excellent ouvrage (1), la science se prononcer. Helmholtz, le grand physiologiste, célèbre pour ses savantes et ingénieuses recherches sur les organes de l'ouïe et de la vue, l'auteur universellement connu du *Handbuch der physiologischen Optik*, et dont les travaux font autorité en cette matière, après avoir profondément analysé la structure de l'œil, et tout en reconnaissant l'excellence relative de cet organe, Helmholtz, disons-nous, observe que si un mécanicien lui apportait un instrument aussi défectueux que l'œil humain, il se verrait forcé de le lui rendre. La dispersion des couleurs, l'aberration de sphéricité, l'astigmatisme, l'imparfaite transparence des milieux, les lacunes dans le champ visuel, les ombres

(1). Arthur Vianna de Lima. — *Exposé sommaire des théories transformistes de Lamarck, Darwin et Haeckel.* Paris, Ch. Delagrave, 1886, p. 473.

produites par les vaisseaux,etc., voilà certes de graves et importants défauts qui justifient ce jugement sévère. Ajoutons que Helmholtz s'est prononcé en dehors de toute idée de système, sans parti pris, avec l'impartialité large de l'expert qui, arrivé au terme de ses recherches, pose ses conclusions. Le même illustre savant dit encore : « Ce que nous avons découvert d'inexact dans la machine optique et dans la production de l'image sur la rétine n'est rien comparativement aux bizarreries que nous avons rencontrées dans le domaine de la sensation. Il semblerait que la nature ait pris plaisir à accumuler les contradictions pour enlever tout fondement à la théorie d'une harmonie préexistante entre les mondes intérieurs et extérieurs ».

En définitive, l'adaptation de l'organe à la fonction n'a rien de surnaturel ni de mystérieux ; elle n'est pas due à un Créateur omniscient, mais à l'action unique des forces naturelles.

L'un des plus grands mérites de la doctrine darwinienne est d'avoir démontré que cette adaptation si parfaite de l'organe à la fonction, ou, en termes généraux, que l'adaptation parfaite de toutes les espèces animales et végétales au milieu où elles vivent, était produite, non par l'intervention miraculeuse d'une puissance divine, mais par l'action inconsciente et continue de la sélection naturelle. Cette doctrine, en effet, nous explique, d'une manière extrêmement simple et satisfaisante, comment le simple jeu des forces physico-chimiques a pu déterminer cet ordre si régulier dans l'édifice de la nature.

Le transformisme a donc anéanti pour jamais l'étrange théorie des causes finales ou téléologie, encore si répandue aujourd'hui, et à laquelle la rigoureuse logique de plusieurs philosophes avait déjà porté un coup mortel. Cette théorie prétend qu'il existe dans le monde une harmonie divine, une parfaite conformité au but, une utilité de toute chose et un plan préétabli, qui sont l'œuvre d'un Créateur tout puissant ; ajoutons que toutes les recherches de la science contemporaine donnent à cette théorie un éclatant démenti.

Pour soutenir leurs idées essentiellement métaphysiques, les finalistes ont constamment prétendu que tout était bien dans ce monde, feignant d'ignorer les souffrances physiques et morales qui nous assiègent dès notre enfance, et ne nous quittent pas dans notre vie éphémère dont l'ultime perspective est la mort, avec l'inconnu pour les uns et le néant pour les autres. D'ailleurs, quel est l'homme, qui, dans sa vie entière, ait reconnu que tout était bien, juste et utile ici-bas, donnant ainsi raison à la téléologie. Dans leur béate contemplation de la nature, et pour expliquer le but et l'utilité de tout ce qui est, les finalistes ont parfois émis, *d'une façon très-sérieuse*, des idées enfantines, et fourni des explications qui nous font sourire aujourd'hui.

« Bien des gens, dit un célèbre finaliste, Bernardin de Saint-Pierre (1), regardent les Insectes sanguisorbes comme produits par une puissance malveillante ou au moins imparfaite; mais tout est à sa place dans l'univers. Ces Insectes, qui ne foisonnent que dans les chaleurs, pompent les humeurs surabondantes des corps des hommes et des animaux; ils les empêchent de se livrer à de trop longs sommeils; ils les forcent de recourir aux bains si salutaires ».

Le même écrivain, dans ses *Etudes de la Nature*, après avoir bien voulu reconnaître que les Charançons et les Teignes causent parfois de grands dommages aux blés et aux laines, dit (2) : « Je ne considérerai ici que leur utilité politique. A la vue de ces gros magasins, où des monopoleurs ramassent la nourriture et les habillements d'une province entière, ne doit-on pas bénir la main qui a créé l'Insecte qui les force de les vendre ? ». Et Bernardin de Saint-Pierre ajoute (3) : « Pour les autres fléaux de la nature, l'homme ne les éprouve que parce qu'il s'écarte de ses lois. Si les orages détruisent quelquefois ses vergers et ses moissons, c'est qu'il les place souvent dans des lieux où la nature ne les a pas

(1) *Œuvres complètes de Jacques-Henri Bernardin de Saint-Pierre*, mises en ordre et précédées de la vie de l'auteur par L. Aimé-Martin, t. IX. Paris, Méquignon-Marvis, 1818. — *Harmonies de la Nature*, t. II, p. 157.

(2) *Œuvres complètes*, t. III, 1818. — *Etudes de la Nature*, t. I, p. 343.

(3) *Œuvres complètes*, t. III, 1818. — *Etudes de la Nature*, t. I, p. 345.

destinés à croître. Les orages ne ravagent guère que les cultures de l'homme : ils ne font aucun tort aux forêts et aux prairies naturelles. D'ailleurs, ils ont leur utilité. Les tonnerres rafraîchissent l'air. Les grêles, qui les accompagnent quelquefois, détruisent beaucoup d'Insectes, et elles ne sont fréquentes que dans les saisons où ils éclosent et se multiplient, au printemps et en été ».

Dans un chapitre sur les harmonies végétales des plantes avec l'homme, où il fait ressortir l'intelligence, la bonté et la prévoyance suprêmes de l'auteur de la nature envers nous, Bernardin de Saint-Pierre dit encore (1), à propos de la forme et de la grosseur des fruits : « Il y en a beaucoup qui sont taillés pour la bouche de l'homme, comme les Cerises et les Prunes ; d'autres pour sa main, comme les Poires et les Pommes ; d'autres beaucoup plus gros, comme les Melons, sont divisés par côtes, et semblent destinés à être mangés en famille ».

Que pensez-vous, Messieurs, de ces Insectes créés par Dieu pour obliger les hommes à se laver ; de l'utilité politique des Charançons et des Teignes ; de l'inhabileté de l'homme dans le choix des endroits convenables pour faire ses cultures ; des orages qui ne font aucun tort aux forêts et aux prairies naturelles ; des bienfaits du tonnerre et de la grêle ; de la forme du Melon, qui semble destiné, par la sublime

---

(1) *Œuvres complètes*, t. IV, 1818. — *Etudes de la Nature*, t. II, p. 444.

Providence, à être mangé en famille ? Ces idées sont-elles vraiment scientifiques, conformes à l'observation et à l'expérience, ou ne sont-elles pas plutôt le résultat d'une imagination malade, plongée dans une béate contemplation de la nature, faussement attribuée à une puissance créatrice divine ?

D'autres finalistes ont soutenu que Dieu avait créé les fleurs pour réjouir notre vue, et que les ronces et les épines n'étaient venues que plus tard, comme manifestation de la colère céleste, après la chute de l'homme. Un naturaliste curieux, se demandant pourquoi beaucoup d'Oiseaux avaient en hiver un plumage de couleur sombre, put lire cette réponse d'un finaliste, laquelle, peut-être, ne satisfera pas tous mes lecteurs : « C'est afin d'augmenter l'impression mélancolique que doit produire sur nous un paysage d'hiver ».

Ces exemples sont innombrables, et l'on pourrait, en les réunissant, faire de curieux volumes qui donneraient, hélas, une bien triste idée de la logique et de la raison humaines. Je ne m'arrêterai pas davantage sur ces considérations, tenant seulement à rappeler que la présence très-fréquente d'organes rudimentaires, lesquels ne servent à rien et même sont parfois très-gênants pour l'individu qui les possède, jointe à l'existence d'organes présentant des métamorphoses régressives, suffiraient à eux seuls, si nous n'avions d'autres preuves des plus convaincantes, à démontrer l'inanité de la théorie utilitaire.

Comme nous venons de le voir, le cause-finalisme,

la téléologie, viennent sans cesse se heurter à des difficultés insurmontables, et la théorie de la descendance, par les preuves évidentes et palpables qu'elle fournit, lui a porté un dernier coup dont elle ne pourra se relever. « La théorie de la descendance, dit Vianna de Lima (1), peut seule expliquer cette adaptation plus ou moins parfaite de l'organe à sa fonction, adaptation qui finit par produire l'apparence d'une conformité au but. Elle fait plus, elle donne la raison de ce fait, sans elle incompréhensible, qu'il existe à la fois des organes relativement parfaits, utiles, et d'autres qui sont au contraire inutiles, rudimentaires, atrophiés ; héritage d'ancêtres lointains chez lesquels ils fonctionnaient encore, mais que le défaut d'usage, par suite d'un mode de vie différent, a rendus inutiles. Ces organes sont la négation de la doctrine utilitaire ».

En résumé, on peut dire que ce sont uniquement des forces inconscientes qui ont produit et qui produisent encore, par le fait de la sélection naturelle et de diverses autres causes physico-chimiques, la perfection relative du monde organisé.

Les trois objections précédentes constituent les critiques fondamentales de la doctrine de l'évolution, celles que mettent toujours en avant les anti-transformistes ; mais à côté de ces critiques, il en est d'autres secondaires, que le défaut d'espace m'empêche d'examiner ici. D'ailleurs, ces critiques secon-

(1) *Op. cit.*, p. 475.

daires sont, en général, des critiques de détail, reposant sur des points spéciaux ; elles réclament une connaissance approfondie des sciences naturelles, et ne peuvent, en conséquence, être réfutées dans un essai de vulgarisation, comme le sont ces Causeries.

Quoi qu'il en soit, je tiens à parler encore des objections suivantes, les plus importantes parmi les critiques secondaires :

IV° Se fondant sur la ressemblance manifeste qui existe entre les animaux et les plantes de l'époque actuelle et ceux d'une antiquité plus ou moins reculée, que l'on a retrouvés dans des tombeaux, ou dont on possède de grossiers dessins, les anti-transformistes en ont conclu que les espèces ne variaient pas. C'est là une assertion véritablement puérile. En effet, parmi ces documents, les plus anciens remontent à l'époque des Phéniciens, des Assyriens, des Babyloniens, et, notamment, des Egyptiens, c'est-à-dire qu'ils datent à peine de plusieurs milliers d'années. Qu'il y a-t-il donc d'étonnant que les Ibis, les Eperviers, les Chats et les Singes momifiés, les Blés, ainsi que plusieurs autres espèces animales et végétales, trouvés dans des cercueils égyptiens, soient identiques à ceux de nos jours ; d'autant plus que ces animaux et ces plantes de l'antique Egypte proviennent d'un pays qui, depuis une époque très-reculée, n'a subi, ni dans son climat ni dans son sol, aucune modification importante. N'oublions jamais qu'il faut en général des temps énormes, ou de notables changements dans le milieu ambiant, pour qu'une variation puisse être facilement appréciée, et, qu'en outre, le transformisme a toujours admis qu'à des périodes de mutabilité succédaient parfois de longues périodes de fixité.

Malheureusement, si les personnes étrangères aux études scientifiques se font une idée assez nette de l'espace, c'est-à-dire des distances, elles se rendent compte beaucoup plus confusément de la longueur du temps. Néanmoins, si elles veulent bien se rappeler que dans l'évaluation des périodes géologiques, c'est par milliers et milliers de siècles qu'il faut compter, elles trouveront sans doute moins étonnant que les animaux et les plantes ne varient pas sous leurs yeux, dans le cours de leur vie éphémère.

V° Aux diverses critiques que nous venons d'examiner, certains anti-transformistes ont ajouté l'objection suivante, dont la réfutation ne présente aucune difficulté. Pourquoi, ont-ils dit, ne voyons-nous jamais réapparaître des formes animales et végétales vivant à des périodes géologiques antérieures, puisqu'il a pu sans doute exister, à des époques différentes, des conditions de milieu identiques, et que ces conditions, d'après la doctrine évolutionniste, ont une très-grande influence sur la formation des espèces? La réponse à cette objection est des plus faciles à formuler, sans avoir recours, comme le font les adversaires du transformisme, à la fantaisie de l'Etre suprême, qui, d'après eux, n'a pas voulu créer deux fois la même forme animale ou végétale, détruisant, à certains moments, les espèces auxquelles il avait donné la vie, pour les remplacer par d'autres de plus en plus parfaites. Faisons remarquer, à cet égard, que ces anéantissements répétés, ces tâtonnements dans les créations successives de formes organisées de plus en plus parfaites, sont en opposition flagrante avec la puissance infinie et l'intelligence suprême que prêtent au Créateur toutes les religions déistes.

Si les espèces animales et végétales ne réapparaissent plus lorsqu'elles se sont éteintes, c'est uniquement parce que les conditions du milieu ambiant ne peuvent jamais être identiquement les mêmes à deux époques différentes. En prétendant qu'il peut exister, à des moments éloignés, des conditions de milieu absolument identiques, les adversaires du transformisme ne se rendent pas un compte exact de l'extrême complexité des conditions du milieu ambiant, complexité qui rend impossible le retour de conditions identiques, à deux époques distinctes de l'évolution du monde organisé. En effet, parmi les causes principales de la transformation des animaux et des plantes, il y a d'abord la lutte pour la vie entre les espèces et les individus, puis leur lutte contre tous les agents physiques, du sol et de l'atmosphère, enfin, la lutte de chaque être contre les animaux et les végétaux qui l'entourent, lesquels ne peuvent jamais être les mêmes à deux époques différentes, puisque les animaux et les végétaux d'une époque quelconque proviennent invariablement de formes ancestrales de plus en plus simples, sauf toutefois les espèces qui ont subi une dégradation, par le fait du parasitisme ou de la fixation sur un corps quelconque.

En résumé, c'est parce que les conditions du milieu ambiant ne sont jamais identiquement les mêmes à deux époques distinctes, que l'on ne voit pas réapparaître des espèces identiques. Toutefois, pour des espèces particulières, et dans des conditions spéciales, l'action du milieu ambiant peut n'avoir qu'une influence des plus restreintes ; aussi, voyons-nous se perpétuer, pendant des espaces de temps considérables, des formes à peu près semblables, vivant à côté d'autres formes qui, plus influencées par les multiples conditions du milieu ambiant, ont subi de notables modifications. On comprend facilement, pour ne citer qu'un exemple de ce fait, que des animaux marins, qui vivent à des profondeurs de plusieurs kilomètres, dans un milieu pour ainsi dire invariable, et qui sont plus ou moins soustraits à l'action de la lutte pour la vie, ne subissent pas de transformations appréciables, tandis que les espèces littorales et terrestres, influencées par les conditions physiques, si variables, du sol et de l'atmosphère, se sont plus ou moins profondément modifiées.

Ce que l'on peut demander au transformisme, ce n'est pas de faire réapparaître des espèces identiquement semblables à des espèces éteintes, mais de produire des espèces analogues quand les conditions de milieu sont analogues. L'histoire naturelle possède de nombreux exemples de ce dernier fait. Ainsi, parmi les espèces qui ont entre elles des analogies assez étroites, en dépit d'une origine très-différente, nous pouvons citer l'Agouti et la Viscache, représentant, dans l'Amérique méridionale, nos Lièvres et nos Lapins ; les Carnivores amphibies, correspondant aux Carnivores terrestres, et parfaitement adaptés, les uns et les autres, à leur milieu aquatique et terrestre ; les Cétacés, qui, dans l'ordre des Mammifères, sont les analogues des Poissons, etc., etc.

L'évolution des êtres organisés, comme l'évolution de l'humanité, ne repasse jamais par des phases identiques, mais seulement, à certains moments, par des phases qui sont entre elles plus ou moins comparables.

VI° La stérilité très-générale des croisements entre des espèces distinctes, ou des hybrides qui naissent parfois de ces croisements, a été l'une des critiques généralement formulées contre la doctrine transformiste, et même, aux yeux de certaines personnes, l'une de celles qui ont la plus grande valeur. Dans ma troisième Causerie, j'ai montré que cette conclusion de la fixité des espèces, déduite de la stérilité des croisements entre des espèces différentes, résultait d'une grave erreur d'interprétation. Certes, si le transformisme prétendait que la formation de toutes les espèces nouvelles est due à des croisements d'espèces différentes, la stérilité presque absolue de ces croisements fournirait une objection formidable, et pourrait même donner un coup mortel à la doctrine transformiste. Mais il n'en est rien, puisque le transformisme soutient, au contraire, d'après toutes les données des sciences naturelles, que l'hybridation a joué un rôle pour ainsi dire nul dans l'évolution des êtres vivants. Cette évolution a eu pour causes principales : la sélection naturelle, résultat immédiat de la lutte pour la vie, l'action modificatrice du milieu ambiant, les migrations, l'isolement. Sous ces influences, lorsque deux individus provenant d'une souche commune se sont modifiés peu à peu, leurs organes génitaux et leurs éléments reproducteurs ont participé eux-mêmes à ces modifications. Il est donc arrivé un moment où les modifications portant sur les organes génitaux et les éléments reproducteurs ont été assez profondes — et nous avons des preuves convaincantes de ce fait — pour que ces deux individus soient devenus incapables de se reproduire entre eux, constituant ainsi deux espèces différentes.

La stérilité des croisements entre des espèces distinctes ne constitue donc nullement une objection à la doctrine transformiste, mais, au contraire, est une conséquence naturelle et forcée des différents modes d'évolution des animaux et des plantes, que nous indique le transformisme.

VII° Avant de terminer ce paragraphe consacré aux critiques du transformisme, je tiens à citer encore l'objection suivante, relative à la difficulté d'expliquer, par la doctrine évolutionniste, l'origine et le développement des facultés psychiques, facultés dont la puissance est d'une extrême inégalité chez les différents animaux.

En réalité, l'évolution psychique du monde animal n'a rien que de parfaitement naturel, et doit être regardée comme une conséquence immédiate et forcée de l'évolution physique, à laquelle j'ai consacré une étude toute particulière dans mes précédentes Causeries. Toutefois, nous devons reconnaître qu'il existe encore, dans l'histoire du développement psychique des animaux, beaucoup d'obscurités et de nombreuses lacunes, dues surtout à notre ignorance presque absolue de la psychologie des animaux inférieurs ; les études des psychologues s'étant concentrées jusqu'alors sur quelques animaux supérieurs, et tout spécialement sur l'Homme, chez lequel les manifestations mentales ont acquis une très-grande puissance et présentent de telles combinaisons, un tel enchevêtrement, si je puis m'exprimer ainsi, qu'il est à peu près impossible de les isoler pour en faire une étude approfondie. Aussi, n'est-il pas douteux que les recherches futures de psychologie animale permettront de résoudre la plupart des questions relatives à l'origine et au développement des facultés psychiques, si l'on veut se donner la peine d'étudier isolément et complètement, chez les animaux inférieurs, les premières manifestations de chaque faculté mentale, en la suivant, dans ses innombrables évolutions et perfectionnements, jusque chez l'homme civilisé.

Sans doute, une personne complètement étrangère aux études scientifiques et philosophiques, qui réfléchit un instant sur la puissance cérébrale de génies, comme Aristote, Copernic, Goethe, Newton, Lavoisier, Charles Darwin, etc., ne peut comprendre que de si hautes facultés mentales soient simplement le résultat d'une lente évolution de facultés extrêmement rudimentaires, pas plus qu'elle ne peut voir dans l'œil humain le simple résultat de la sélection naturelle. Mais cette personne se rendra facilement compte de faits qu'elle considérait d'abord comme inexplicables sans l'intervention divine, si elle étudie les premières manifestations de chaque faculté mentale chez les animaux inférieurs, et si elle suit son développement dans l'échelle des animaux, jusque chez l'homme civilisé, lequel, comme nous l'avons vu dans ma cinquième Causerie, ne possède pas une seule faculté psychique qui lui soit spéciale. De même, cette personne peut suivre pas à pas le développement de l'œil, depuis l'état de simple tache pigmentaire jusqu'au merveilleux appareil visuel que possède l'espèce humaine.

Comment expliquer, dira-t-on encore, la différence énorme qui existe entre la puissance mentale de l'Homme et celle de l'animal le mieux doué au point de vue psychique? A première vue, ce fait paraît étonnant, mais il trouve une explication rationnelle dans notre ignorance presque complète de l'état psychique des millions de générations humaines qui se sont succédé sur notre globe, depuis l'époque où l'Homme s'est dégagé de ses ancêtres, les Singes anthropoïdes, jusqu'à nos jours. Chez ces innombrables types transitoires se sont développées, avec une extrême lenteur, les facultés mentales qui sont aujourd'hui l'apanage et font le légitime orgueil de l'espèce humaine. Ajoutons qu'à toutes les époques du développement de l'humanité, il y a eu des races très-différentes les unes des autres, au point de vue de leur puissance psychique, et qu'il existe actuellement toutes les transitions entre les facultés mentales, si rudimentaires, des Fuégiens et des autres sauvages inférieurs, jusqu'à l'Européen, vivant au milieu des merveilles de la civilisation et du progrès, dans un véritable Eden physique et intellectuel qu'il s'est créé lui-même.

Grâce à la loi universelle de l'évolution, les animaux acquièrent une adaptation de plus en plus parfaite au milieu dans lequel ils vivent, et se perfectionnent au double point de vue physique et mental; mais ce perfectionnement a des limites forcées. Aussi, quand un adversaire du transformisme demande si le Cheval, l'Eléphant, le Chien, le Singe, et les autres animaux réputés les plus intelligents, n'arriveront pas un jour à parler, à bâtir des villes et à cultiver les sciences, les lettres et les arts, il fait une question véritablement enfantine. En effet, les deux plus puissants facteurs du développement intellectuel : le langage articulé et la station verticale, manqueront toujours au Cheval, à l'Eléphant et au Chien, en raison même de l'organisation de ces animaux. Quant aux Singes supérieurs, aux Singes anthropomorphes, s'ils possèdent quelque peu la station verticale, la conformation de leur larynx s'oppose à la production du langage articulé.

Les Singes anthropomorphes se perfectionneront-ils un jour et acquerront-ils des facultés mentales presque aussi développées que celles des sauvages les plus inférieurs ? A cette question, une réponse sérieuse ne saurait être faite, car si le passé et le présent sont à nous, l'avenir reste toujours insondable. Quoi qu'il en soit, et en supposant même que les Singes supérieurs ne se perfectionnent jamais mentalement d'une manière appréciable, l'origine animale des facultés psychiques de l'Homme sera toujours un fait non douteux, et il suffira d'admettre, ce qui n'a rien d'irrationnel, que de toutes les espèces animales, une seule, l'espèce humaine, beaucoup mieux douée que ses congénères au point de vue psychique, est entrée dans la véritable voie d'un progrès pour ainsi dire sans limites.

L'évolution psychique, ai-je dit, est indissolublement liée à l'évolution physique; c'est pourquoi je n'ai pas insisté jusqu'alors sur la première d'entre elles, me bornant à lui appliquer toutes les conséquences et tous les résultats de l'évolution physique, étudiée très-attentivement dans mes Causeries antérieures.

Quant à l'origine même des facultés mentales, elle

est encore enveloppée d'une assez grande obscurité qui, sans doute, se dissipera peu à peu, à mesure que nous pénétrerons plus profondément dans l'analyse psychologique des êtres inférieurs. Nous savons, par l'histologie et l'anatomie, que les éléments constitutifs les plus simples des animaux et des végétaux, sont les cellules. Les cellules ont une composition, des formes et des propriétés très-diverses, et se groupent entre elles de toutes les manières imaginables pour former des tissus particuliers. A leur tour, les tissus se réunissent pour former des organes particuliers,qui ont des fonctions particulières. La propriété spéciale des cellules nerveuses est de recevoir les *impressions* et de les transmettre à l'organe récepteur, au cerveau, qui les transforme en *sensations* ou *perceptions*. La présence de cellules nerveuses dans un organisme quelconque implique donc nécessairement l'existence d'une activité psychique. Chez les animaux supérieurs, et en particulier chez l'Homme, le système nerveux a un développement considérable, et le cerveau présente une structure des plus complexes ; aussi, la pensée a t-elle acquis, chez cet animal, une intensité des plus grandes. Concevoir et faire comprendre ce que c'est que la pensée est une tâche très-longue et des plus difficiles, qui, d'ailleurs, ne rentre nullement dans mon sujet ; aussi, ne puis-je donner ici qu'une idée très-sommaire de cette fonction merveilleuse.

Dans notre raisonnement, nous pouvons prendre,

comme point de départ, la totalité des phénomènes du monde extérieur. Ces phénomènes impressionnent diversement nos sens, et les nerfs transmettent ces *impressions* reçues au cerveau,qui les transforme en *sensations* ou *perceptions*. Par l'activité de cet organe, les perceptions se combinent de mille manières et donnent comme résultat, comme fonction, la *pensée*. De plus, ces perceptions s'accumulent dans les centres nerveux, de façon qu'à un moment donné, on peut faire réapparaître telle ou telle sensation, correspondant à telle ou telle impression reçue, réapparition qui constitue la mémoire, base de tout travail mental. Enfin, comme certaines manifestations psychiques sont transmissibles par hérédité,elles constituent une puissance mentale d'autant plus grande que les ancêtres de l'individu étaient plus perfectionnés au point de vue mental.

Sans nul doute, la puissance des facultés psychiques acquises héréditairement et le degré d'organisation du cerveau déterminent, pour une grande part, la valeur mentale d'une espèce ou d'un individu ; mais les sens jouent aussi un rôle considérable dans le développement psychique, et si un enfant venait au monde privé de ses cinq sens, c'est-à-dire sans pouvoir communiquer avec le monde extérieur, il n'aurait, même à l'âge où les facultés psychiques sont dans leur complet épanouissement, qu'une puissance mentale fort restreinte, à peu près réduite aux facultés instinctives.

Nous pouvons dire, en définitive, que la puissance

mentale d'un animal quelconque dépend des quatre conditions suivantes, qui varient de toutes les manières possibles :

1° du degré de développement psychique transmis héréditairement par les ancêtres ;

2° du degré de structure et de développement du système nerveux, et notamment de l'organe récepteur et percepteur des impressions, c'est-à-dire du cerveau ;

3° du degré de structure et de développement des organes des sens ;

4° enfin, de la complexité des phénomènes du monde extérieur, transmis par les sens au cerveau.

Chacun peut apprécier facilement la réalité de ces faits, dont il existe des exemples sans nombre dans la série animale.

En résumé, on peut dire : 1° que les facultés psychiques se sont produites lorsqu'un certain nombre des éléments constitutifs des organismes primordiaux se sont différenciés en cellules nerveuses ; 2° que la pensée est la fonction même du cerveau ou des centres nerveux qui le remplacent chez les animaux inférieurs ; et, 3° que la puissance mentale est en rapport direct, d'une part, avec le degré de structure et de développement du système nerveux, et de l'autre, avec la concentration des parties de ce système chargées de la réception et de la perception des impressions, c'est-à-dire du rapport de volume du cerveau aux autres parties du système nerveux.

En d'autres termes, l'évolution et le développement psychiques sont liés, d'une façon indissoluble, à l'évolution et au développement physiques de l'ensemble du système nerveux, et, tout particulièrement, de la partie de ce système qui produit la pensée, c'est-à-dire du cerveau.

Ici s'arrêtent les critiques essentielles que je tenais à faire de la doctrine transformiste. Sans doute, il en a été formulé beaucoup d'autres, mais elles n'ont qu'une importance très-secondaire et ne s'appliquent qu'à des questions spéciales.

Puissé-je, dans les pages précédentes, avoir fait comprendre aux personnes que n'aveuglent pas des opinions préconçues, la force et la vérité du transformisme qui, méprisant les anathèmes des théologiens, répond par des arguments décisifs aux multiples objections sérieuses des naturalistes et des philosophes.

Celui qui possède des connaissances assez étendues pour embrasser d'un coup d'œil tous les faits principaux de la biologie, de la physique, de la chimie et de la mécanique, croira facilement à l'inébranlable vérité du transformisme ; mais il faut, avant tout, qu'il ait complètement abandonné toutes les idées fausses que la plupart d'entre nous ont reçu dans leur enfance. L'abandon complet de ces idées demandera peut-être des siècles encore ; aussi, le transformisme ne triomphera t-il pas, d'une manière définitive, avant que la foi, pour jamais, ne soit vaincue par la raison et par la science.

APPLICATIONS DE LA DOCTRINE TRANSFORMISTE.

La doctrine transformiste, qui a donné aux sciences biologiques un essor incomparable, en remplaçant partout le miracle et la création divine par le jeu continu des forces physico-chimiques, éternelles et incréées, a rendu également d'inappréciables services dans l'étude de la linguistique, de la morale, de la psychologie, de l'esthétique, de la sociologie, etc. etc., sciences qui ne pouvaient reposer autrefois sur aucune base solide, mais qui ont acquis aujourd'hui une place importante parmi les sciences les mieux établies, grâce à l'application qu'on leur a faite de cette doctrine géniale.

Le cadre très-restreint de cette Causerie ne saurait me permettre d'étudier, même d'une façon très-superficielle, les multiples applications de la doctrine transformiste aux sciences de l'esprit humain. Je me contenterai de parler ici des applications de cette doctrine à la linguistique et à la morale, uniquement pour montrer en quoi consistent ces applications à des sujets qui ont été traités, avec une très-grande autorité, par d'éminents penseurs.

Parmi les différentes sciences nommées dans les lignes précédentes, c'est sans nul doute à la linguistique que s'adapte le mieux la doctrine évolutionniste. Son application est des plus frappantes et des plus parfaites ; aussi, est-ce par elle que je vais commencer mon étude.

## I. — Application à la Linguistique.

La *linguistique* est l'étude comparée des éléments et des principes de toutes les langues. Or, chaque langue a subi une évolution, a passé par trois phases différentes, par trois états successifs de perfectionnement, que les unes ont franchis plus ou moins rapidement, tandis que les autres restaient, pendant des temps très-longs, à la première ou à la seconde phase. Ces trois états des langues constituent trois groupes fondamentaux qui sont : les langues *monosyllabiques* ou *isolantes*, comme le chinois et ses dialectes ; les langues *polysyllabiques*, *agglutinatives* ou *composantes*, tels que les idiomes américains, basques, berbères, finnois, etc. ; et les langues *à flexion*, comme les langues sémitiques et aryennes, auxquelles appartient la presque totalité des langues européennes.

« Depuis, dit Haeckel (1), que Charles Darwin a, par sa théorie de la sélection, donné une vie nouvelle à la biologie et a mis partout à l'ordre du jour la question fondamentale de l'évolution, on s'est occupé de mille manières de la curieuse analogie

(1). Ernest Haeckel. — *Anthropogénie ou Histoire de l'Évolution humaine*, traduit de l'allemand sur la deuxième édition par le Dr Charles Letourneau. Paris, C. Reinwald et Cie, 1877, p. 314.

qui existe entre le développement des diverses langues humaines et celui des espèces. Le rapprochement est parfaitement juste et fort instructif. En effet, il n'y a guère de plus frappante analogie, si l'on veut bien tenir compte des obscurs et délicats phénomènes de la phylogénie. Tous les linguistes quelque peu familiers avec la science admettent unanimement que toutes les langues humaines se sont développées lentement et graduellement, à partir de radicaux fort simples. Quant à l'étrange opinion défendue avant la publication du livre de Charles Darwin par les autorités de la linguistique, et suivant laquelle le langage serait un don divin, elle n'a plus d'autres partisans que des théologiens ou des gens tout à fait étrangers à l'idée de l'évolution naturelle. C'est qu'en présence des merveilleux résultats obtenus par la linguistique comparée, il faut vraiment se boucher les yeux pour ne pas voir l'évolution naturelle du langage. Pour un naturaliste, cela va de soi. En effet, le langage est une fonction physiologique qui a dû se développer avec ses organes, le larynx, la langue, et aussi les fonctions cérébrales. Rien n'est donc plus naturel que de retrouver dans l'histoire de l'évolution et la taxinomie des langues les phénomènes que l'on rencontre dans le développement et la taxinomie des espèces. Les divers groupes, petits et grands, de formes verbales, que la linguistique comparée divise en langues primitives, langues fondamentales, langues mères, langues sœurs, dialectes, idiomes, etc., répondent parfaitement, dans leur développement, aux divers groupes organiques, grands et petits, qu'en zoologie et en botanique, nous appelons embranchements, classes, ordres, familles, genres, espèces, variétés. Dans les deux cas, la relation des divers groupes juxtaposés ou superposés en degrés, des catégories du système, est identique; leur évolution s'effectue aussi de la même manière ».

Il est un fait que personne ne saurait contester, tant il est évident : c'est la transformation et l'évolution des langues, qui se modifient beaucoup plus rapidement que les races, nous permettant ainsi de retrouver plus aisément leur filiation, leur généalogie, dans le temps et dans l'espace. Pour citer quelques exemples bien connus de cette transformation, parfois très-rapide, des différentes langues, je rappellerai que beaucoup d'ouvrages écrits en vieux français peuvent seulement être compris et appréciés aujourd'hui par les personnes qui ont une certaine érudition. Au nombre de ces ouvrages, on peut citer la *Chanson de Roland*, du XIIe siècle, attribuée à Théroulde ou Turold ; l'Histoire de *La Conqueste de Constantinople*, rédigée par Villehardouin au commencement du XIIIe siècle ; le *Roman de la Rose*, poème allégorique dont la première partie fut écrite au XIIIe siècle par Guillaume de Lorris, et la seconde partie au siècle suivant par Jean de Meun; les *Mémoires* de Joinville, écrits dans les vingt premières années du XIVe siècle; les *Chroniques* de Jean Froissart, datant de la seconde moitié du XIVe siècle; etc., etc. En Allemagne, le poème épique, les *Niebelungen-Lied*, autrefois si populaire, et qui date seulement de sept siècles, ne peut être lu et compris de nos jours que par les érudits. En Italie, les ouvrages antérieurs à *La Divine Comédie* du Dante Alighieri, composée au commencement du XIVe siècle, sont dans le même cas, et les Italiens dépourvus d'érudition sont à peu près incapables d'apprécier les chefs-d'œuvre de cet immortel poète ; etc., etc. Cependant, il est de toute évidence que le français, l'allemand et l'italien modernes sont les descendants directs des langues que l'on parlait et que l'on écrivait dans ces différents pays, il y a quelques siècles. Je citerai encore, à cet égard. les fameux serments de Strasbourg, que prêtèrent Louis le Germanique à son frère Charles le Chauve, et les soldats de Charles le Chauve à Louis le Germanique, au mois de mars de l'année 842. Ces deux serments (1), prononcés l'un et l'autre dans le français d'alors, sont entièrement incompréhensibles pour les personnes étrangères aux études philologiques.

Les quelques exemples précédents, dont il serait facile d'augmenter considérablement le nombre, joints à ceux de toutes les langues, dialectes et idiomes, disparus aujourd'hui, mais qui tenaient jadis une place prépondérante, nous montrent que

(1). Le texte original de ces deux serments a été conservé par le neveu de Charlemagne, Nithard, dans son *Histoire des Francs*, qu'il écrivit vers 843, par ordre de Charles le Chauve dont il était le confident. Ils ont été reproduits par Auguste Brachet, dans son excellente *Grammaire historique de la langue française*. Paris, J. Hetzel et Cie, 15e édition, p. 36.

les mots et les langues, comme les espèces animales et végétales, naissent, vivent, varient, se transforment et disparaissent. Ces mots et ces langues donnent successivement naissance à des mots nouveaux et à des langues nouvelles, qui ont, comme leurs aînés, leurs phases de formation, de perfectionnement, d'apogée, de déclin et de mort.

Ces diverses considérations préliminaires étant données, étudions maintenant, d'une façon très-succincte, l'origine des langues, leur formation, leur développement, les nombreuses causes de leur variation sous une action sélective, leur disparition, et, enfin, la question, encore si débattue actuellement, de l'origine unique ou multiple de toutes les langues, éteintes et modernes.

Le point de départ des langues est l'origine même du langage articulé, origine sans doute encore assez obscure aujourd'hui, mais dont nous pouvons, néanmoins, nous faire une idée suffisamment nette. Le langage articulé marque le véritable passage du type simien au type humain ; nos premiers ancêtres étaient des êtres muets ; et ce n'est que progressivement, avec une extrême lenteur, que s'est formé le langage articulé, en même temps que le développement et le perfectionnement du larynx, de la voix et des facultés cérébrales, auxquels il est lié d'une façon indiséoluble. Primitivement, comme le démontre la linguistique contemporaine, le langage fut monosyllabique, tel que nous l'observons dans les premiers temps de l'enfance ; puis, peu à peu, les polysyllabes se formèrent, produisant ainsi des mots qui augmentèrent de plus en plus en nombre et en complexité, avec les progrès et la civilisation.

Lorsque, après des milliers et des milliers d'années, le langage articulé eût acquis un certain développement, lorsque les mots monosyllabiques et polysyllabiques furent produits en nombre suffisant,les langues commencèrent d'exister. A l'origine, ces langues ne furent composées que d'un nombre très-restreint de mots, puis elles s'enrichirent peu à peu d'expressions nouvelles, correspondant à des besoins nouveaux; et comme les hommes vivaient sous toutes les latitudes, souvent isolés les uns des autres, il en est résulté la formation d'un nombre considérable de langues, de dialectes et d'idiomes, très-différents les uns des autres à première vue, mais dont les linguistes retrouvent aisément les origines communes. Cette formation multiple de dialectes différents, qui a eu lieu aux premiers temps de l'humanité, se retrouve encore de nos jours dans l'Inde, dans l'Amérique du Sud, au Mexique, en Afrique, où l'on peut reconnaître une innombrable quantité d'idiomes distincts les uns des autres, dont l'origine est due, sans conteste, au fractionnement des peuplades et à leur isolement.

On le voit, les langues, comme les animaux et les végétaux, proviennent du plus humble début, et se sont graduellement perfectionnées en même temps que l'évolution physique et mentale de l'Homme.

Considérons maintenant un certain nombre de

langues, de dialectes et d'idiomes ; montrons qu'ils naissent, se transforment et s'éteignent sous l'influence de la sélection ; et indiquons les causes principales de ces multiples variations.

Au nombre de ces causes, il faut citer, en première ligne, les relations internationales. « Les relations commerciales, industrielles, politiques et littéraires que les peuples ont entre eux, dit Emile Ferrière (1), dans un excellent ouvrage de vulgarisation, sont une source continue de variations et de sélection. Entraînés dans le tourbillon d'une vie occupée, nous ne nous apercevons pas de ces graduels changements, parce que avec nous et autour de nous, tout a changé à l'unisson. C'est le contraste seul qui appelle l'attention sur les modifications survenues ; or, ici, le contrase fait défaut. Mais, supposez un instant qu'une partie de la nation s'isole, tandis que l'autre continuera à se mêler aux autres peuples ; qu'arrivera-t il ? Au bout d'un certain nombre d'années, ce groupe isolé, soumis uniquement aux variations produites par les conditions internes, aura conservé le langage national avec assez de pureté. Au contraire, les autres citoyens, grâce à leur contact incessant avec les étrangers, parleront une langue dont les mots et les tours auront subi les plus profondes modifications. Remettez ensuite les deux groupes en présence ; dans leur étonnement, il faudra le témoignage irrécusable de leurs yeux et de leur

(1). Emile Ferrière. — *Le Darwinisme.* (Bibliothèque utile, vol. 45). Paris, Félix Alcan, 3e édition, p. 97.

mémoire pour que ces frères, un instant séparés, reconnaissent en eux-mêmes les deux parties d'un même tout, les deux moitiés de la même nation.

« Une colonie norwégienne qui s'était établie en Islande, au quatorzième siècle, resta indépendante et presque isolée pendant quatre cents ans. Le gothique que parlaient les colons se modifia sans doute, mais bien moins que celui de la mère patrie. Celle-ci, par suite de ses nombreux rapports avec l'Europe, s'était créé une langue si différente, que plus tard les Norwégiens regardèrent l'idiome islandais comme le gothique pur.

«........ Aujourd'hui même, dans le Canada, cette colonie française depuis longtemps séparée de la métropole, la langue qu'on parle tient beaucoup plus de celle du dix-huitième siècle que de la nôtre ». Ce fait de la conservation des langues par l'isolement doit être rapproché de celui du maintien de la fixité des espèces animales et végétales qui ont une aire d'habitat très-restreinte.

« Les causes de sélection les plus puissantes dans les langues, ajoute Emile Ferrière (1), sont de l'ordre politique ou littéraire. La conquête d'un pays, par exemple, a pour résultat certain d'altérer, dans une mesure plus ou moins forte, la langue des vaincus. Dans la Grande-Bretagne, l'introduction du français, importé par Guillaume-le-Conquérant, modifia

(1) *Op. cit.*, p. 102.

profondément l'anglo-saxon. C'est de cette alliance hybride qu'est né, en partie, l'anglais moderne.

« La Gaule, subjuguée par Jules César, a perdu son idiome ; ou, ce qui en est resté a peu de valeur dans l'ensemble. Mais le latin, sous un nouveau climat et dans des bouches barbares, a subi une transformation radicale ; ou, pour mieux dire, du croisement des deux idiomes, comme des deux races, est issue une race nouvelle ainsi qu'une nouvelle langue. Toutes les deux ont eu leurs destinées.

« Aux premiers temps de la monarchie française, deux dialectes principaux partageaient la France, la langue d'*oc* et la langue d'*oïl* (prononcez *oui*). La prépondérance politique du Nord assura le triomphe de la langue d'*oïl*.

« La domination des Espagnols en Amérique y a implanté le castillan au détriment des langues indigènes. A une époque plus récente, la traduction de la Bible par Luther donna la supériorité, en Allemagne, au dialecte saxon sur les nombreux dialectes en présence. Toutes ces langues, devenues maîtresses par sélection politique, ont subi les lois ordinaires de la variation. Le génie littéraire se place au premier rang comme cause de sélection, surtout à l'égard d'un même pays. Dante, par son poème de *La Divine Comédie*, a consacré le toscan et lui a donné la victoire sur tous ses rivaux. Le XVII^e siècle a été pour la France l'ère par excellence de la sélection. Les chefs-d'œuvre littéraires de cette époque, par la vigueur des idées et la splendeur du style, ont banni ou frappé à mort une multitude d'expressions et de figures léguées par les âges précédents. Telle, en histoire naturelle, une race vigoureuse expulse ou extermine de plus faibles concurrents ».

Enfin, parmi les causes de variation dans les langues, il faut citer encore le progrès des sciences, des lettres, des arts, de l'industrie, du commerce, qui enrichit à chaque instant les langues par l'addition de mots nouveaux, dont la création est nécessitée par les découvertes de chaque jour.

Analogues aux espèces animales et végétales, les langues se transforment sans cesse et s'éteignent graduellement, laissant la place à des langues nouvelles, plus en harmonie que leurs aînées avec la civilisation. Il est du domaine de la linguistique de rechercher par quelles transformations successives ont passé tous les mots qui composent une langue quelconque, entre deux époques données. Cette étude est du plus haut intérêt, mais je n'ai pas à m'en occuper ici. Toutefois, je tiens à citer quelques exemples des changements subis par les mots employés dans notre pays, depuis la conquête de la Gaule par Jules César jusqu'à aujourd'hui, afin de montrer que ces changements sont de tous points analogues aux transformations des espèces. Pour faciliter ce rapprochement, nous considérerons les mots latins comme étant les espèces ancestrales, les mots du vieux français, éteints aujourd'hui, comme les espèces fossiles transitoires, et les mots employés dans le français moderne comme les espèces actuelles.

Voici quelques-uns de ces mots :

| Latin. | Vieux Français. | Français actuel. |
|---|---|---|
| *Anima* | *Anime, Aneme, Anme, Amme* | *Ame.* |
| *Cognoscere* | *Cognoistre, Congnoistre, Conoistre, Connoistre* | *Connaître.* |
| *Culpabilis* | *Culpable* | *Coupable.* |
| *Effectus* | *Effect* | *Effet.* |
| *Nuptum* | *Nopce* | *Noce.* |
| *Presbyter* | *Proveire, Pruveire, Prebstre, Prestre* | *Prêtre.* |
| *Respondere* | *Respundre, Respondre* | *Répondre.* |
| *Stella* | *Esteille, Esteile, Estele, Estoille, Estoile* | *Etoile.* |
| Etc. | Etc. | Etc. |

De plus, il y a un grand nombre de mots, très-usités jadis, qui sont disparus plus ou moins complètement du langage actuel, tels sont les mots : *apert, cuider, fors, ire, moult, onques, ord, ost*, etc., etc., qui proviennent des mots latins : *apertus, cogitare, foris, ira, multum, unquam, horridus, hostis.*

Des recherches approfondies ont souvent dévoilé les causes de la disparition de tel ou tel peuple, et, par suite, de la langue qu'il parlait ; mais souvent aussi ces causes nous sont complètement inconnues, ce qui explique les grandes lacunes existant dans la filiation des langues, lacunes que nous rencontrons à chaque instant dans l'étude de la généalogie des espèces actuelles. Quoi qu'il en soit, il est certain que les langues proviennent les unes des autres, sous l'influence des variations dont nous avons parlé précédemment, et sans doute aussi sous l'action d'autres causes qui nous échappent encore. Dans ces variations, la sélection opère comme elle le fait dans la nature, et avec une telle analogie qu'Emile Ferrière (1) a pu tracer, à cet égard, un parallèle fort intéressant, que je crois utile de reproduire ici.

La Sélection

| Dans les Espèces | Dans les Langues. |
|---|---|
| 1°. Les espèces ont leurs variétés, œuvre du milieu ou de causes physiologiques. | 1°. Les langues ont leurs dialectes, œuvre du milieu ou des mœurs. |
| 2°. Les espèces vivantes descendent généralement des espèces du même pays. | 2°. Les langues vivantes descendent généralement des langues mortes du même pays. |
| 3°. Une espèce, dans un pays isolé, éprouve moins de variations. | 3°. Une langue, dans un pays isolé, éprouve moins de variations. |
| 4°. Variations produites par le croisement avec des espèces distinctes ou étrangères. | 4°. Variations produites par l'introduction de mots nouveaux, dus aux relations extérieures, aux sciences, à l'industrie. |
| 5°. La supériorité des qualités physiques assurant la victoire aux individus d'une espèce, cause de sélection. | 5°. Le génie littéraire et l'instruction publique centralisée, causes de sélection. |
| 6°. La beauté du plumage ou la mélodie du chant, cause de sélection. | 6°. La brièveté ou l'euphonie, cause de sélection. |
| 7°. Lacunes nombreuses dans les espèces éteintes. | 7°. Lacunes nombreuses dans les langues éteintes. |
| 8°. Chances de durée d'une espèce dans le nombre des individus qui la composent. | 8°. Chances de durée d'une langue dans le nombre des individus qui la parlent. |
| 9°. Les espèces éteintes ne reparaissent plus. | 9°. Les langues éteintes ne reparaissent plus. |
| 10°. Progrès dans les espèces par la division du travail physiologique. | 10°. Progrès dans les langues par la division du travail intellectuel. |

(1) *Op. cit.*, p. 121.

Avant de terminer ce paragraphe consacré à l'application de la doctrine transformiste à la linguistique, il me reste encore à résoudre une dernière question : celle de l'origine unique ou multiple de toutes les langues, disparues et modernes.

« Ce problème, dit Armand de Quatrefages (1), peut se poser en ces termes : a-t-il existé dans le passé une langue primitive unique, d'où sont sorties toutes les langues mortes ou vivantes ? Ou bien a-t-il existé et existe t-il encore des langues qu'il soit impossible de ramener à une origine commune ?

« On comprend la réponse des linguistes polygénistes. Arguant des différences qui séparent certaines familles de langues, ils les déclarent *irréductibles* et concluent avec Crawfurd, Hovelacque, etc., « à la pluralité originelle des *races* qui ont été formées avec elles ». D'autre part, cette irréductibilité est niée par Max Müller qui, sans affirmer encore l'existence de la langue primitive, laisse entrevoir que dans sa pensée, c'est à la démonstration de ce fait qu'aboutiront les recherches linguistiques.....

« L'irréductibilité sur laquelle s'appuient les linguistes polygénistes, ajoute de Quatrefages, rappelle l'argument fondé sur les caractères physiques, et consistant à opposer le Nègre au Blanc. Cet argument a eu longtemps une certaine apparence de

---

(1). Armand de Quatrefages. — *L'Espèce humaine.* Paris, Germer Baillière et Cie, 4e édition, 1878, p. 323.

force, qu'il a perdue à mesure que l'on a connu de plus nombreux intermédiaires entre ces deux extrêmes. Il me semble que la marche générale de la linguistique conduit au même résultat. Tous les linguistes rapprochent aujourd'hui bien des langues que l'on eût cru irréductibles au commencement de ce siècle ».

En présence des opinions contradictoires sur l'unité ou la pluralité des langues primitives, opinions défendues, des deux côtés, par des linguistes éminents, la prudence scientifique m'oblige à ne pas conclure. D'ailleurs, cette origine unique ou multiple des différentes langues, éteintes et actuelles, repose exclusivement sur cette question fondamentale : à savoir si les premiers hommes, lorsqu'ils furent sortis du type simien et eurent acquis un langage articulé et des facultés mentales suffisamment développés pour créer un véritable idiome, ont apparu en un seul point de la terre, ou s'ils ont apparu à une même époque, isolément, en plusieurs points à la fois de la surface de notre globe. Dans la première hypothèse, il n'y a eu originellement qu'un seul idiome ; dans la seconde, il y a eu à l'origine plusieurs idiomes distincts, créés par chacune des peuplades primitives ; mais cette question capitale est encore insoluble aujourd'hui.

## II. — Application à la Morale : Morale évolutionniste.

Les théologiens et la plupart des philosophes ont soutenu jadis et soutiennent encore qu'il existe une morale unique, absolue, immuable, gravée plus ou moins profondément par Dieu dans le cœur de tous les hommes, quelle que soit leur race ou le pays qu'ils habitent. En cette circonstance, les partisans de la méthode à priori ont admis arbitrairement, comme ils ont coutume de le faire, un certain nombre d'idées subjectives, qu'ils n'ont nullement cherché à expliquer, et d'où ils ont déduit des théories et des principes absolus, sans se préoccuper s'ils étaient conformes à la réalité, s'ils étaient d'accord avec l'observation et l'expérience.

Heureusement pour notre époque, les partisans de plus en plus nombreux de la méthode vraiment scientifique, de la méthode expérimentale, sont venus réfuter cet antique paradoxe de la morale unique. Et de grands penseurs contemporains, appliquant avec un très-grand succès la doctrine transformiste à la morale, ont jeté les bases de la morale évolutionniste, en expliquant sa genèse et les causes de ses incessantes transformations.

Avant d'aborder, d'une façon très-sommaire, l'étude de la morale évolutionniste, il convient de faire remarquer, au moyen de quelques exemples bien connus, que la morale est essentiellement variable, qu'elle est une fonction de l'époque, du lieu, de la race et même de l'individu.

Interrogeons les faits, et voyons ce que deviennent ces fameuses vérités morales absolues, si on les soumet au critérium de l'observation et du raisonnement.

Les peuplades sauvages, d'après les nombreux récits d'hommes qui ne sauraient être suspectés d'une partialité quelconque, sont généralement dépourvues de toute idée morale, et commettent sans cesse des actions révoltantes et barbares, en les trouvant parfaitement légitimes.

Citons, à cet égard, quelques faits très-démonstratifs :

Ainsi, le vol, justement réprouvé dans presque toutes les nations, a été parfois admiré chez certains peuples. Personne n'ignore qu'à Lacédémone, on considérait un larcin comme une action méritoire, quand ce larcin était accompli avec ruse et habileté. Ajoutons que le sentiment de la propriété est peu développé et peu respecté chez des nations qui sont loin d'être dépourvues de civilisation. D'ailleurs, les peuples qui prétendent marcher en tête du progrès respectent-ils réellement la propriété et le droit des gens, quand, sous prétexte de civilisation et de moralisation, ou pour ouvrir à leur commerce de nouveaux débouchés, ils vont s'établir par la force et la violence, avec le fusil de guerre comme instrument de persuasion, sur des territoires occupés par des peuplades tranquilles et heureuses ?

Le sentiment de la pudeur est extrêmement variable chez les différents peuples, et nous pouvons en observer facilement toutes les transitions, depuis la femme arménienne, qui se croierait à jamais déshonorée si elle sortait sans avoir le visage complètement voilé, jusqu'à certains sauvages qui vont entièrement nus et s'accouplent *coràm populo*, comme le font la plupart de nos animaux domestiques.

La prostitution, que nous considérons comme une action avilissante, était commune dans l'antiquité. En Grèce, à Rome, elle n'était nullement méprisée. Les jeunes Phéniciennes, dit Charles Letourneau (1), auquel j'emprunte plusieurs de ces exemples, se prostituaient devant une image mystique du principe fécondant divinisé. Les Hébreux, à la requête du mari, lapidaient la femme qui ne pouvait pas prouver qu'elle était vierge en se mariant. Par contre, selon un voyageur chinois, les Cambodgiens avaient, sur ce sujet, une manière de voir diamétralement opposée. Toute fille qui se mariait devait être solennellement et religieusement déflorée par un bonze, dont la peine était récompensée par de riches présents. Aujourd'hui encore, la prostitution n'est nullement blâmée au Japon, où les courtisanes ont été parfois honorées jusqu'à la divinisation. Chez les Ossètes du Caucase, une femme se marie d'autant plus avantageusement qu'elle a eu, avant son mariage, un plus grand nombre d'amants.

---

(1). Charles Letourneau. — *Science et Matérialisme.* Paris, C. Reinwald et Cie, 1879, p. 274.

Non-seulement le vol, l'impudeur, la prostitution, etc., mais encore le meurtre, l'infanticide et l'inceste sont des habitudes licites et mêmes honorées chez certaines tribus sauvages. Pour les indigènes des îles Fidji, tuer n'est pas un crime, mais une action d'éclat. A la Terre de Feu, on étrangle des vieillards et on les dévore ensuite. L'assassinat fait même partie de certaines religions. Ainsi, dans la secte indienne des Thugs, l'assassinat, exécuté mystérieusement, constitue une pratique religieuse. Du reste, chacun sait que pour tout bon musulman, tuer un chrétien est une action essentiellement méritoire.

Autrefois, l'infanticide, considéré de nos jours comme un acte monstrueux, était très-répandu et parfaitement licite. Nous avons déjà vu dans ma quatrième Causerie, à propos de la sélection humaine, qu'à Sparte, en vertu d'une loi spéciale, on examinait chaque enfant aussitôt après sa naissance, et qu'on précipitait dans les gouffres du mont Taygète tous ceux qui étaient faibles, malades ou infirmes. Dans toute la Grèce antique, à l'exception de Thèbes, le père de famille avait le droit de tuer ses enfants nouveau-nés, s'ils étaient chétifs ou mal conformés, et même s'il n'avait pas les moyens de les nourrir, coutume qui fut approuvée par Platon et par Sénèque ; etc., etc. Aujourd'hui encore, l'infanticide est pratiqué chez beaucoup de peuplades sauvages, entre autres dans les îles de la mer du Sud, en Australie, dans l'Afrique centrale, chez de nombreuses tribus d'Indiens Peaux-Rouges de l'Amérique septentrionale, etc.

« Les Papous sauvages de l'intérieur de la presqu'île de Malacca, n'ont, au dire du voyageur russe N. de Niklucho-Maclay, aucune idée précise de l'inceste ; car les pères exercent sur leurs filles, une fois nubiles, le *jus primae noctis*, coutume, dit Louis Büchner (1), qu'on rencontre d'ailleurs dans d'autres endroits, dans les Moluques orientales, par exemple. Chez les Damaras de l'Afrique australe, qui sont polygames et ne savent pas non plus ce que c'est que l'inceste, Andersson (2) trouva dans le harem d'un chef la mère et la fille de ce dernier. Les liens conjugaux entre frère et sœur, qui nous semblent abominables, étaient fréquents et regardés comme honorables dans l'antiquité, principalement en Perse et en Egypte ». D'ailleurs, ce dernier fait n'a rien d'étonnant, et le Christianisme aurait vraiment tort de blâmer l'inceste dans l'antiquité, puisque, d'après le récit mosaïque de la création de l'homme et de la femme, il a fallu nécessairement que les enfants d'Adam et d'Eve fussent incestueux, pour donner naissance à une famille, souche de l'humanité. Je dois ajouter que les théologiens

(1) Louis Büchner. — *Force et Matière, ou Principes de l'ordre naturel de l'univers, mis à la portée de tous, avec une théorie de la Morale basée sur ces principes*, traduit sur la 15e édition allemande par Albert Regnard. Paris, C. Reinwald, 6e édition française, 1884, p. 388.

(2). Andersson. — *Exploration in South-Western Africa.* Londres, 1856.

n'aiment pas, en général, à s'expliquer clairement sur ces délicates matières.

Rien de moins respecté jadis que la vie humaine, sacrifiée sans cesse pour obtenir la bienveillance et le concours des Dieux. Ainsi, dans les temps antiques, les Sémites, les Phéniciens, les Syriens, les Chananéens, les Israélites, les Arabes, races dont la férocité était la caractéristique morale, sacrifiaient à Baal Samin, à Astarté, à Hercule, à Mouth, les enfants et les jeunes vierges qu'ils chérissaient le plus. D'après Diodore de Sicile, les Carthaginois eurent l'épouvantable idée de choisir les enfants de leurs citoyens les plus importants, pour les placer sur les mains inclinées d'un Saturne de bronze, d'où ils roulaient tout vivants dans un brasier. L'histoire de l'antiquité est pleine, hélas, de ces coutumes atroces.

Rien de plus variable que la considération de la femme, regardée, dans diverses peuplades sauvages, comme une bête de somme, comme un instrument de plaisir, comme un objet que l'on peut acheter, vendre, échanger, tuer et même manger à sa guise; et ce n'est pas seulement chez les nations barbares que nous observons ce fait, mais aussi dans des nations civilisées : chez les Arabes, où les maris achètent leurs épouses, et peuvent, moyennant une indemnité, rendre la jeune fille à ses parents, si elle ne leur convient point ; en Orient, où les femmes des harems sont considérées uniquement comme un objet de jouissance bestiale, etc. J'ajouterai que le

Christianisme n'a pas toujours été d'une grande bienveillance pour la femme, que les anciens théologiens considéraient comme un être *impur*, et sur laquelle ils ont lancé d'innombrables anathèmes. A cet égard, je recommande à mes lecteurs certains passages de la Bible, entre autres les chapitres XII et XV du Lévitique, qui sont des plus édifiants. Bossuet (1) lui-même n'a point non plus brillé par un excès de politesse en disant : « les femmes n'ont qu'à se souvenir de leur origine ; et sans trop vanter leur délicatesse, songer, après tout, qu'elles viennent d'un os surnuméraire, où il n'y avoit de beauté que celle que Dieu y voulut mettre ». Enfin, suivant les différents peuples et les différentes religions, on observe la polygamie, la bigamie, et la monogamie, laquelle est incontestablement la forme d'union la plus élevée, qui donne à la femme la place légitime, égale à celle de l'homme, qu'elle occupe dans l'animalité.

Il serait très-facile de multiplier considérablement les exemples précédents ; toutefois, ils suffisent amplement, je crois, pour démontrer que la soi-disant unité et immutabilité de la morale est une conception surannée, démentie par l'observation des faits et par le raisonnement, même les plus superficiels.

Où sont, en effet, ces fameux principes absolus d'une morale absolue, dans les exemples dont je

---

(1). *Œuvres de Bossuet. t. V. Elévations à Dieu sur tous les mystères de la religion chrétienne.* Paris, Paul Mellier, 1845, p. 84.

viens de parler ? Où est cette morale si pure, gravée par Dieu dans le cœur de l'Homme, quel que soit le lieu qu'il habite et la race à laquelle il appartienne? Où est cette morale invariable, immuable, dans le temps et dans l'espace ?

« Mais alors, dit Charles Letourneau (1), la morale est variable ? Sans aucun doute, puisqu'elle est relative. Rien d'éternel dans le monde, excepté le monde lui-même. Absolument rien d'immuable. Les climats sont divers ; les races sont diverses et les besoins aussi, et ces besoins changent avec le degré d'intelligence et de savoir. La morale doit donc être ondoyante et progressive, se modifiant à mesure que la science s'enrichit, que l'esprit humain embrasse un plus grand nombre de faits et conquiert de plus en plus la vérité, à mesure aussi que changent les conditions matérielles de l'existence.

« Les principes absolus, dits éternels, sont des entraves dangereuses. Ces règles morales étaient utiles, il y a mille ans, il y a cent ans, hier encore ; mais voici que nous découvrons des horizons nouveaux, des routes inexplorées, que nous fouillons plus avant dans le grand inconnu de l'univers. Nous voyons plus loin que nos pères, force nous est donc de ne plus les imiter. S'immobiliser, c'est languir ou périr ».

Je ne saurais rien ajouter à ces idées si justes et si profondes, et c'est à Charles Letourneau que je

(1). *Science et Matérialisme*, p. 284.

laisse la parole, pour vous donner, Messieurs, un rapide exposé de la genèse de la morale.

« Que la vie de conscience, dit cet éminent philosophe (1), soit uniquement une fonction de certaines cellules nerveuses et ne s'en puisse abstraire, c'est une vérité contestée seulement aujourd'hui par les personnes absolument dépourvues de connaissances physiologiques. C'est donc dans les propriétés de la cellule nerveuse qu'il faut chercher la raison d'être des notions morales, comme de toutes les autres.

« Or, la cellule nerveuse est par excellence un appareil enregistreur ; les vibrations, les incitations, qui lui sont transmises par les filets nerveux afférents ne la traversent point sans y laisser de traces ; par ce seul fait qu'elles se sont produites une fois, elles ont de la tendance à se reproduire encore. Là est la raison d'être de la reviviscence des souvenirs et de quantité d'associations des mouvements, si parfaitement incarnées dans les centres nerveux, qu'elles sont devenues plus ou moins inconscientes. C'est cette propriété fondamentale de la cellule nerveuse, qui, seule, rend possibles l'éducation et le dressage des animaux. Mais l'éducation morale de l'Homme est essentiellement identique au dressage des animaux. Cette proposition, effrayante peut-être pour les théologiens

---

(1). Charles Letourneau. — *L'Evolution de la Morale*, in *Revue scientifique*, n° du 31 mai 1884, p. 675. — Cet éminent auteur vient de faire paraître sur le même sujet un volumineux et remarquable ouvrage intitulé : *L'Evolution de la Morale*. Paris, Adrien Delahaye et Emile Lecrosnier, 1887.

et les métaphysiciens, n'a rien que de fort simple aux yeux des transformistes. Ces derniers n'ignorent pas que le complexe provient du simple, et le sublime du grossier ; ils savent que le genre humain est issu d'organismes rudimentaires ; ils n'oublient jamais que tout Homme débute par être une simple cellule ovulaire, et que la puissante intelligence d'un Newton est simplement l'amplification de celle du Fuégien comptant péniblement jusqu'à trois.

« Aucun acte mental ne s'efface absolument ; il laisse dans la conscience une sorte de résidu psychique, et tend à se reproduire plus ou moins facilement. De plus, l'élément nerveux, modifié par une impression première, résiste dans une certaine mesure aux impressions différentes. De là vient qu'un acte se répète d'autant plus aisément qu'il a été accompli un plus grand nombre de fois ; que même il finit par être exécuté sans hésitation, sans réflexion, par devenir un instinct, un besoin. De même que des séries de mouvements fort compliqués, par exemple, les mouvements nécessaires pour jouer du piano ou du violon, en arrivent à se produire automatiquement, presque sans aucune dépense d'attention, ainsi quantité d'idées s'évoquent fatalement les unes les autres, ainsi quantité d'actes réveillent, par simple association, des sentiments artificiellement provoqués dans le principe.

« Si les jeunes Chiens couchants tombent souvent en arrêt la première fois qu'on les mène à la chasse, si les Chiens de berger se mettent instinctivement à courir autour d'un troupeau de Moutons, c'est uniquement parce que les ordres de nombreuses générations de maîtres humains, réitérés toujours de la même manière à la série de leurs aïeux domestiques et convenablement appuyés de punitions et de récompenses, ont fini par se graver dans le cerveau de l'animal, par s'y incorporer, en y déterminant une habitude héréditaire, une association automatique de détentes nerveuses, s'enchaînant et se provoquant les unes les autres. Une fois cet instinct artificiel bien implanté dans les cellules nerveuses, il y commande en maître ; c'est avec plaisir que l'animal cède à l'impulsion irraisonnée qui le sollicite ; il souffrirait de lui résister.

« Or, c'est exactement de cette manière que les expériences, les habitudes, l'éducation, développent chez l'Homme des tendances morales, héréditaires aussi et sanctionnées par des sentiments de plaisir ou de douleur, suivant qu'on leur obéit ou qu'on leur résiste. C'est là ce que les métaphysiciens ont appelé *conscience morale*, *sentiment moral*, *idée innée du bien*, etc., transformant ainsi des phénomènes physiologiques fort simples en mystérieuses entités. Chez les natures moralement développées, ces instincts acquis ont une puissance extrême ; sans jugement, sans raisonnement, parfois en dépit du raisonnement, ils décident en maîtres et régentent la conduite de la vie ; c'est la voix des ancêtres, et cette voix est bonne ou mauvaise, suivant ce qu'ont été les ancêtres. Ces sentiments *organisés*, l'éducation individuelle ne les peut modifier que dans une mesure assez restreinte, car ils représentent le résultat d'une longue éducation antérieure ayant porté sur de nombreuses générations. Or, les vertus ou les vices, les qualités morales ou immorales, s'acquièrent bien par l'habitude ; mais il faut aux habitudes un long temps pour s'incarner dans les centres nerveux et se léguer héréditairement.

« La genèse des sentiments moraux n'est donc ni plus ni moins mystérieuse que celle de l'instinct du Chien de berger, ou de celui des Oiseaux migrateurs se ruant avec fureur sur les barreaux de leur cage, quand l'heure de l'exode a sonné. Toutes ces tendances, si solidement implantées dans les centres nerveux, se sont formées exactement de la même manière, simplement par la nécessité d'obéir, bon gré mal gré d'abord, aux impérieuses exigences d'un maître ou aux nécessités des milieux. C'est d'un lent travail de sélection qu'elles résultent ».

En examinant de près les conditions et les modes d'évolution de la morale, on voit sans peine que cette évolution s'accomplit conformément aux grandes lois du transformisme. D'après Charles Letourneau, la morale a passé par quatre phases successives, auxquelles il a donné les noms de : *morale bestiale*, *sauvage*, *barbare*, et *industrielle ou mercantile*. C'est à ce dernier état qu'existe la morale actuelle des peuples civilisés.

« Les idées morales, ajoute cet éminent auteur (1), se

(1). *L'Evolution de la Morale*, p. 682.

métamorphosent, comme les formes organiques, avec une grande lenteur, et cela, parce que, dans l'éthique comme dans le monde vivant, il y a conflit incessant entre deux tendances, l'une conservatrice, l'autre révolutionnaire : d'un côté, l'hérédité, la voix des ancêtres, représentée par la coutume, la routine ; de l'autre, le progrès, une meilleure adaptation morale, capable de procurer à l'homme en général une plus grande somme de bonheur.

« Dans le monde moral aussi, comme dans le monde organique, les variations sont d'abord locales, individuelles, et, pour être généralisées, elles doivent se faire péniblement adopter, triompher dans la concurrence vitale. Là est la grande raison de l'extrême lenteur du progrès moral. En effet, dans une société grossière encore, l'individu moralement développé lutte souvent à armes inégales dans le combat pour l'existence, gêné qu'il est dans sa marche par des répugnances, des scrupules, inconnus à ses rivaux. Quantité de nobles natures ont été et sont encore submergées ainsi sous le flot de la grossièreté générale. Ce qui finit pourtant par en sauver quelques-unes, c'est la formation, au sein du grand milieu social, de certains milieux partiels où l'individu, moralement supérieur à la masse de ses concitoyens, trouve encouragement et appui. Dans ces petits groupes, le novateur moral peut satisfaire son besoin de sympathie, d'approbation, et il en arrive à braver les verdicts de la grande société, qui, pour lui, n'est après tout qu'une masse confuse.

« . . . . . A n'envisager l'évolution de la morale que dans son ensemble, il est manifeste que jusqu'ici cette évolution s'est accomplie spontanément, au hasard, par la seule force des choses. Il est évident aussi que toujours, même quand la morale a visé au renoncement, à l'ascétisme, elle a eu pour principe la notion de l'utile plus ou moins intelligemment conçu, dans cette vie ou dans l'autre. Même dans les sociétés sauvages ou barbares, dans les petites monarchies de l'Afrique centrale, comme dans l'Inde de Manou, c'est l'utile qui règle les mœurs, mais l'utile au point de vue des monarques et des castes dirigeantes.

« J. Bentham a donc fait une médiocre découverte en proclamant, après d'Holbach et Diderot, que l'utile est la base de la morale ; mais il a rendu un grand service en définissant scientifiquement l'utile, en disant « qu'une action est bonne ou mauvaise, digne ou indigne, qu'elle mérite l'approbation ou le blâme, en proportion de sa tendance à accroître ou à diminuer la somme du bonheur public ». Se basant sur cette donnée, on peut, en effet, sortir définitivement de la morale religieuse ou métaphysique et créer une science des mœurs, une *Déontologie*. Mais tout en étant indispensable, comme base de l'éthique, la notion de l'utile est insuffisante. Aussi, la morale utilitaire n'a été théoriquement complétée qu'en s'appropriant la méthode transformiste, grâce à laquelle Stuart Mill, Charles Darwin et Herbert Spencer ont déjà pu tracer les grandes lignes d'une science de l'éthique.

« C'est à bon droit que l'auteur de la *Morale évolutionniste*, qu'Herbert Spencer, compare l'importance de la méthode transformiste, appliquée à la morale, à celle de la gravitation en astronomie. En effet, la morale transformiste ne se borne pas à promulguer des principes ; elle remonte à la genèse des idées morales ; elle en suit l'évolution dans le passé et l'éclaire dans le présent, en s'appuyant sur la physiologie, sur l'ethnographie, sur l'histoire, sur l'observation des enfants, sur celle des aliénés, etc.; en résumé, elle fait de la morale une véritable science, demandant aide et assistance à toutes les autres. Il y a bien peu d'années encore, on ne voyait guère de relation entre l'éthique et la physiologie. Pourtant, c'est en invoquant la propriété d'imprégnation de la cellule nerveuse qu'Herbert Spencer (1) a pu formuler cette proposition fondamentale : « Les expériences d'utilité, organisées et consolidées à travers toutes les générations passées de la race humaine, ont produit des modifications nerveuses correspondantes, qui, par une transmission et une accumulation continues, sont devenues en nous certaines facultés d'intuition morale, certaines émotions correspondant à la conduite bonne ou mauvaise, qui n'ont aucune base apparente dans les expériences

(1). Herbert Spencer. — *Les bases de la Morale évolutionniste.* Paris, Félix Alcan, 3e édition, 1885, p. 107.

individuelles d'utilité ». Il est certain, par exemple, qu'à Sempach, alors qu'il se précipitait sur les lances autrichiennes, en se dévouant pour ouvrir à ses compagnons une brèche dans la muraille de fer des ennemis, Winkelried ne recherchait pas une grossière utilité individuelle ; il obéissait à des tendances nobles, héréditairement inscrites dans ses cellules cérébrales ; il sentait en même temps la passion et la volupté du sacrifice pour une grande cause.......

« Pour la morale transformiste, l'utile n'est plus la notion assez vague sur laquelle les premiers utilitaires, depuis d'Holbach jusqu'à J. Bentham, ont basé leurs théories des devoirs et des droits. Ce que poursuit la morale transformiste, c'est une utilité scientifiquement démontrée, une utilité des plus hautes, se confondant avec la justice, et visant à accroître la somme du bonheur public et privé, en rendant les hommes plus forts, meilleurs et plus intelligents ».

En résumé, les pages précédentes nous font voir que les langues et la morale sont essentiellement variables, et qu'elles évoluent, comme les espèces animales et végétales.

Ces applications de la doctrine transformiste s'étendent également à beaucoup d'autres sciences, telles que la psychologie, l'esthétique, la politique, la sociologie, etc., montrant, de plus en plus, la ressemblance qui existe entre l'évolution du monde organique et celle des sciences de l'esprit humain.

Arrivé au terme de mes entretiens sur le transformisme, je tiens, Messieurs, à vous exprimer ma profonde gratitude pour l'attention soutenue que vous m'avez si bienveillamment accordée.

Sans nul doute, ces Causeries auront excité des colères, car le transformisme touche directement aux questions religieuses et sociales, sur lesquelles peu de personnes savent discuter froidement. Peut-être auront-elles dessillé des yeux non prévenus ? Je ne sais si je dois l'espérer, tant il est difficile encore de faire dominer sur les voix si nombreuses des conventions surannées la voix de la science, qui conseille aux hommes d'échanger leurs illusions consolantes, mais trompeuses, contre les joies réelles et profondes que nous procure la connaissance de la vérité, sans laquelle l'humanité n'obtiendra jamais un bonheur et un progrès véritables.

Si j'étais plus âgé, et si j'avais surtout l'inappréciable avantage d'avoir quelque notoriété scientifique, je vous demanderais, Messieurs, la permission de terminer mes Causeries par un conseil à ceux d'entre vous qui cultivent les sciences naturelles, et par un reproche s'adressant à la plus grande partie des sociétés qui marchent aujourd'hui en tête de la civilisation.

A notre époque, l'histoire naturelle a pris un développement considérable. Aussi, les hommes qui cherchent dans cette science un délassement à leurs occupations, et même les savants de profession, sont-ils obligés de se spécialiser, s'ils veulent faire un travail nouveau et utile. Mais, à force d'étudier un sujet très-limité, on finit par lui donner une importance toute particulière, et l'on n'est plus à même d'apprécier la place exacte qu'il occupe dans l'ensemble de la science. Les plus petits détails du sujet qu'il travaille prennent aux yeux du spécialiste des proportions énormes, et les faits fondamentaux des autres sciences ne lui semblent plus que des questions secondaires. Dès lors, le spécialiste a fermé son esprit aux vastes synthèses, qui sont le couronnement de la science, et c'est, n'en doutez pas, Messieurs, ce manque d'esprit généralisateur, d'intelligence philosophique, qui a empêché beaucoup de savants de juger sainement et d'adopter le transformisme.

Aussi, avant de limiter ses recherches à un sujet quelconque, est-il absolument nécessaire d'avoir des notions scientifiques générales, et d'apprécier exactement l'importance de la pierre que l'on étudie, dans l'édifice scientifique tout entier. De même, pour être heureux, il faut faire des moyennes avec toute chose, de même, pour être un véritable savant, il faut étudier à fond un sujet restreint, en se tenant toujours au courant des progrès généraux de la science.

Mon reproche, ai-je dit, est un reproche très-étendu, que ma sincérité, je l'espère, me fera pardonner.

En France, comme dans les nations voisines, ce ne sont pas les intelligences qui manquent, ce sont les caractères. Préoccupés par des intérêts légitimes, mais souvent mesquins, craignant la jalousie et la vengeance de ceux qui n'aiment pas la franchise et redoutent la vérité, nous n'avons pas le courage de dire hautement notre pensée ; nous ne tirons pas des faits, sans ménagement et sans crainte, leurs conséquences logiques ; nous n'osons pas nous élever contre les idées surannées et propager les nouvelles doctrines scientifiques et philosophiques ; nous soutenons en public, pour des motifs étrangers au courage, ce que nous reconnaissons en nous-mêmes n'être qu'erreur et absurdité ; en un mot, nous manquons de caractère.

Soyons donc plus hardis, plus dignes, plus sincères ; attaquons résolûment ce qui n'a plus sa raison d'être ; mettons notre croyance dans les vérités scientifiques et répandons-les le plus possible ; efforçons-nous d'être grands également par le cœur, par le savoir et par le caractère ; concourons de toutes nos forces au bonheur de l'humanité entière ; et marchons avec confiance dans la voie de l'avenir.

---

N. B. — Je crois être utile aux personnes qui désireraient approfondir les questions relatives au transformisme, en leur indiquant quelques ouvrages plus ou moins récents, dans lesquels ces questions sont traitées avec tous les développements nécessaires.

Voici les ouvrages que je leur recommande tout spécialement, cités par ordre alphabétique des noms d'auteur. Ceux qui sont précédés d'une astérisque sont les ouvrages fondamentaux ; les autres étant plus particulièrement des livres de vulgarisation.

Louis BÜCHNER. — *Conférences sur la théorie darwinienne de la transmutation des Espèces et de l'apparition du monde organique,* traduit de l'allemand d'après la seconde édition par Auguste Jacquot. Paris, C. Reinwald, 1869.

Louis BÜCHNER. — *L'Homme selon la science. Son passé, son présent, son avenir, ou D'où venons-nous? — Qui sommes-nous? — Où allons-nous?* traduit de l'allemand par le Dr Charles Letourneau. Paris, C. Reinwald et Cie, troisième édition, 1878.

* Charles DARWIN. — *L'Origine des Espèces au moyen de la Sélection naturelle, ou la Lutte pour l'existence dans la nature,* traduit sur l'édition anglaise définitive par Edmond Barbier. Paris, C. Reinwald, 1882.

* Charles DARWIN. — *De la Variation des animaux et des plantes à l'état domestique,* traduit sur la seconde édition anglaise par Edmond Barbier. 2 vol. Paris, C. Reinwald et Cie, 1879 et 1880.

* Charles DARWIN.— *La Descendance de l'Homme et la Sélection sexuelle*, traduit de l'anglais par J.-J. Moulinié, deuxième édition revue sur la dernière édition anglaise par Edmond Barbier. 2 vol. Paris, C. Reinwald et Cie, 1873 et 1874.

Emile FERRIÈRE. — *Le Darwinisme.* Paris, Germer Baillière et Cie, 1872.

Emile FERRIÈRE. — *Le Darwinisme.* (Volume 45

de la bibliothèque utile). Paris, Félix Alcan, troisième édition.

* Albert GAUDRY. — *Les Enchaînements du monde animal dans les temps géologiques. — Mammifères tertiaires.* Paris, F. Savy, 1878. — *Fossiles primaires*, id. 1883.

* Ernest HAECKEL. — *Histoire de la Création naturelle ou doctrine scientifique de l'Evolution,* traduit de l'allemand par le Dr Charles Letourneau et revu sur la septième édition allemande. Paris, C. Reinwald, troisième édition, 1884.

* Ernest HAECKEL. — *Anthropogénie ou Histoire de l'Evolution humaine,* traduit de l'allemand sur la deuxième édition par le Dr Charles Letourneau. Paris, C. Reinwald et Cie, 1877.

* Thomas-Henry HUXLEY. — *De la place de l'Homme dans la nature*, traduit, annoté, etc. par le Dr E. Dally. Paris, J.-B. Baillière et fils, 1868.

J.-L. DE LANESSAN. — *Le Transformisme. Evolution de la matière et des êtres vivants.* Paris, Octave Doin et Marpon et Flammarion, 1883.

Mathias DUVAL. — *Le Darwinisme*. Paris, Adrien Delahaye et Emile Lecrosnier, 1886.

* Edmond PERRIER. — *Les Colonies animales et la formation des organismes.* Paris, G. Masson, 1881.

* George-John ROMANES. — *L'Evolution mentale chez les animaux, suivi d'un Essai posthume sur l'Instinct, par Charles Darwin,* traduction française par le Dr Henry C. de Varigny. Paris, C. Reinwald, 1884.

* G. DE SAPORTA et A.-F. MARION. — *L'Evolution du règne végétal. Les Cryptogames* (1 vol.). *Les Phanérogames* (2 vol.). Paris, Germer Baillière et Cie et Félix Alcan, 1881 et 1885.

Oscar SCHMIDT. — *Descendance et Darwinisme.* Paris, Félix Alcan, cinquième édition, 1885.

Arthur VIANNA DE LIMA. — *Exposé sommaire des théories transformistes de Lamarck, Darwin et Haeckel.* Paris, Ch. Delagrave, 1886.

Carl VOGT. — *Leçons sur l'Homme, sa place dans la création et dans l'histoire de la terre,* traduction française de J.-J. Moulinié, deuxième édition revue par Edmond Barbier. Paris, C. Reinwald et Cie, 1878.

* Alfred-Russel WALLACE. — *La Sélection naturelle. Essais,* traduits de l'anglais sur la deuxième édition par Lucien de Candolle. Paris, C. Reinwald et Cie, 1872.

---

**Erratum.** — En relisant dernièrement mes Causeries sur le Transformisme, pour en préparer une nouvelle édition en un seul volume, revue et augmentée, j'ai relevé l'erreur suivante que je tiens à signaler.

Dans la 3e Causerie, au commencement du chapitre sur le *Métissage et l'Hybridité,* j'ai dit « que les métis et les hybrides sont presque toujours stériles ». Ce fait de stérilité n'est vrai que pour les *hybrides*, c'est-à-dire pour les produits obtenus par le croisement d'*espèces* différentes, car les *métis* ou produits de *races* ou de *variétés* distinctes, sont, au contraire, généralement féconds.

Je donne bien entendu ici aux mots *espèces*, *races* et *variétés* le sens de convention qu'on leur attribue en histoire naturelle, car nous avons vu qu'il n'y a, en réalité, aucun critérium *absolu* pour différencier les espèces des races et des variétés.

FIN.

Elbeuf — Impr. Constant Allain, rue St-Jacques, 3

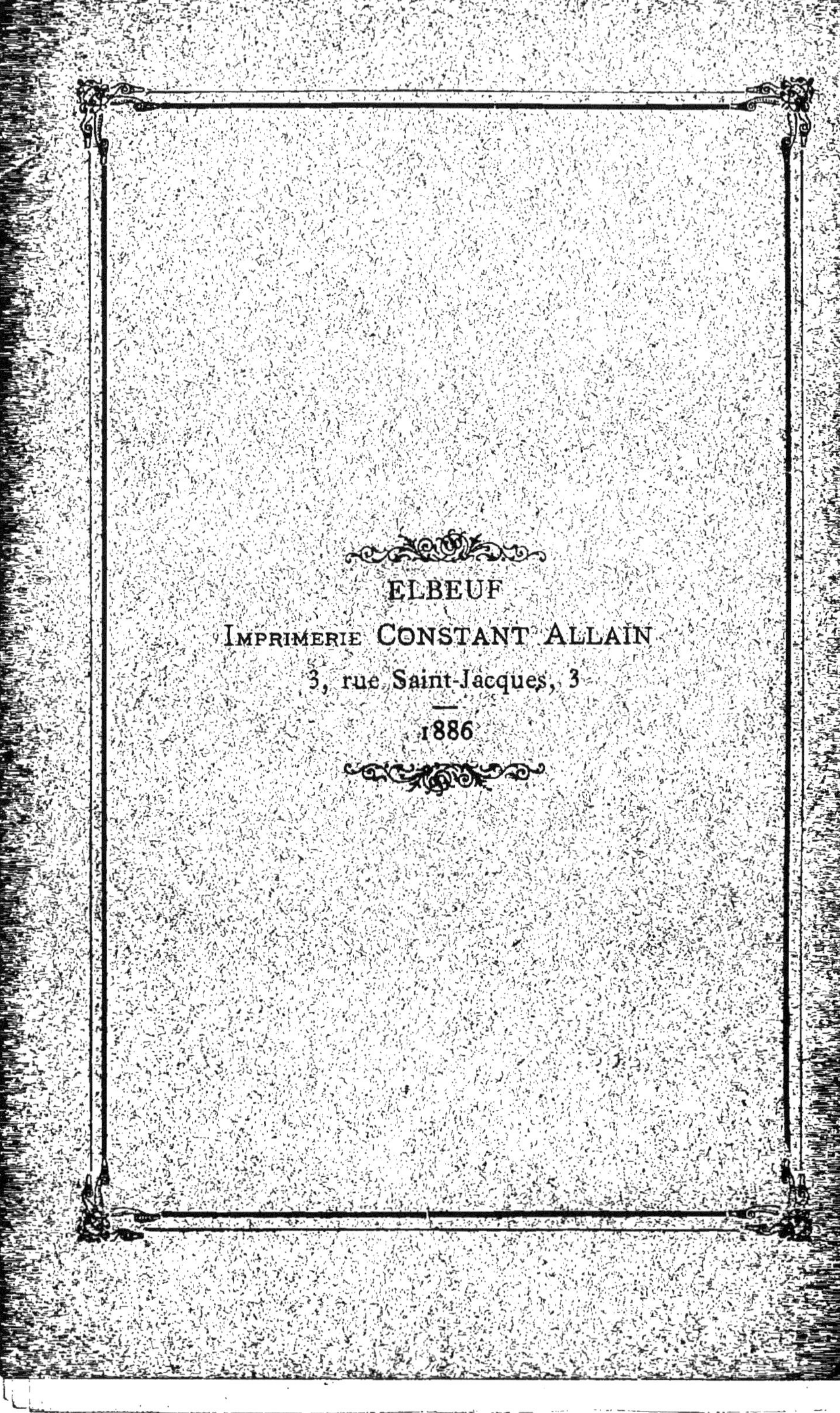
ELBEUF
Imprimerie Constant Allain
3, rue Saint-Jacques, 3
1886

www.ingramcontent.com/pod-product-compliance
Ingram Content Group UK Ltd.
Pitfield, Milton Keynes, MK11 3LW, UK
UKHW051024210726
13857UKWH00007B/1258